工程软件职场应用实例精析丛书

NCSIMUL 多轴机床
搭建及仿真应用实例

主　编　韩富平　史永利　孙熙恩

副主编　陈凡超　贺军鹏　王　锋

参　编　陈　琳　赵　昱　刘海生　江　伟

洪非凡　田东婷　俞清辉　刘隽孜

江　芮　宋芃漪　江　镇

主　审　俸瑞江　王庆梅　李春光

机械工业出版社

本书共 8 章,以典型机床及加工模型作为实例,采用图文结合的形式,讲解 NCSIMUL 多轴机床搭建的思路及仿真技能,主要包括 NCSIMUL 软件安装及基本设置、机床仿真环境搭建、三轴立式机床搭建、四轴立式机床搭建、五轴 AC 摇篮机床的搭建、五轴 BC 一转头一转台机床的搭建、五轴联动加工技术技能竞赛仿真及多工序数控机床操作调整工技能竞赛仿真等内容。本书内容循序渐进,适合 NCSIMUL 用户迅速掌握和全面提高使用技能。为方便读者学习,本书提供所有实例的模型文件、结果文件、讲解视频和 PPT 课件。

本书适合 NCSIMUL 用户迅速掌握和全面提高使用技能,同时对具有一定基础的用户也有参考价值,并可供企业、研究机构、大中专院校从事 CAD/CAM 的专业人员使用。

图书在版编目(CIP)数据

NCSIMUL 多轴机床搭建及仿真应用实例 / 韩富平,
史永利,孙熙恩主编. -- 北京:机械工业出版社,
2025. 5. --(工程软件职场应用实例精析丛书).
ISBN 978-7-111-78161-5

Ⅰ. TG659;TP31

中国国家版本馆 CIP 数据核字第 2025AS1590 号

机械工业出版社(北京市百万庄大街 22 号   邮政编码 100037)
策划编辑:周国萍   责任编辑:周国萍   刘本明
责任校对:潘 蕊 张昕妍   封面设计:马精明
责任印制:任维东
河北宝昌佳彩印刷有限公司印刷
2025 年 6 月第 1 版第 1 次印刷
184mm×260mm · 15.25 印张 · 346 千字
标准书号:ISBN 978-7-111-78161-5
定价:59.00 元

电话服务   网络服务
客服电话:010-88361066   机 工 官 网:www.cmpbook.com
         010-88379833   机 工 官 博:weibo.com/cmp1952
         010-68326294   金 书 网:www.golden-book.com
封底无防伪标均为盗版   机工教育服务网:www.cmpedu.com

前　言

NCSIMUL 软件是海克斯康集团旗下的一款高端数控仿真软件，用于 G 代码验证、机床仿真和刀具优化。它可以检测编程错误和在数控机床上运行的 NC 代码的异常和错误，如过切、撞刀等。NCSIMUL 机床仿真可用于车削、钻孔、铣削（三～五轴），甚至多任务复杂加工，可以根据数控机床的实际特性，动态验证包括机床、刀具和材料在内的所有加工要素的真实环境，并在确保安全的基础上，最大限度地提高编程加工的效率和质量，降低生产成本和风险，是用于模拟、验证和优化数控程序的先进加工验证软件。

鉴于 NCSIMUL 软件在机械加工领域的卓越表现，NCSIMUL 被选为全国装备制造行业新技术应用技能竞赛指定的仿真软件平台。

本书共 8 章，以典型机床及加工模型作为实例，采用图文结合的形式，讲解 NCSIMUL 多轴机床搭建的思路及仿真技能，主要包括 NCSIMUL 软件安装及基本设置、机床仿真环境搭建、三轴立式机床搭建、四轴立式机床搭建、五轴 AC 摇篮机床的搭建、五轴 BC 一转头一转台机床的搭建、五轴联动加工技术技能竞赛仿真及多工序数控机床操作调整工技能竞赛仿真等内容。

本书提供所有实例的模型文件、结果文件和讲解视频。其中，模型和结果文件通过手机微信扫描下面的二维码获得；讲解视频二维码放在每章（第 2 ～ 8 章）开头处，读者通过手机微信扫一扫扫码观看。

为方便读者学习，本书还提供 PPT 课件。读者可联系 QQ296447532 获取。

本书内容循序渐进，适合 NCSIMUL 用户迅速掌握和全面提高使用技能，同时对具有一定基础的用户也有参考价值，并可供企业、研究机构、大中专院校从事 CAD/CAM 的专业人员使用。

本书在编写的过程中得到了工程师及老师们多方面的支持和帮助，在此表示感谢。另外，特别感谢海克斯康软件技术（青岛）有限公司提供的 NCSIMUL 2024 正版软件及技术支持。

由于编者水平有限，书中难免存在错误与不妥之处，恳请广大读者发现问题后不吝指正。

模型和结果文件

编　者

目　　录

第1章 NCSIMUL 软件安装及基本设置

1.1 NCSIMUL 软件安装

NCSIMUL 软件安装步骤如下：

1）在软件安装目录下右击 NCSIMUL 2024.2.0 Setup.exe，以管理员身份运行应用程序，如图 1-1 所示。

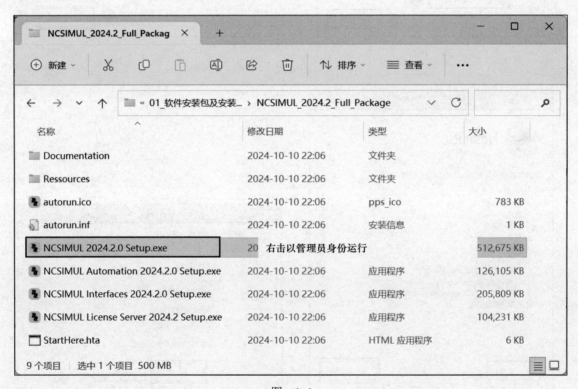

图 1-1

2）在弹出的窗口中，①语言设置默认为"中文（简体）（中国）"→②单击"下一步（N）"，如图 1-2 所示。

3）在弹出的窗口中，①勾选"我接受许可条款和条件"→②单击"下一步（N）"，如图 1-3 所示。

4）在新弹出的窗口中，保持默认设置，然后单击"下一步（N）"，如图 1-4 所示。

5）在弹出的窗口中单击"是（Y）"，如图 1-5 所示。

图 1-3

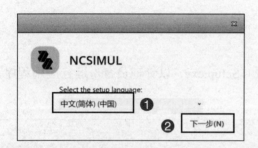

图 1-2

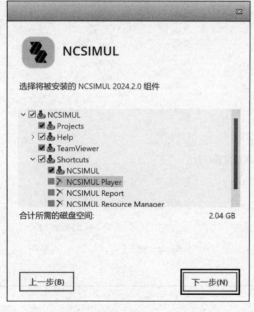

图 1-4

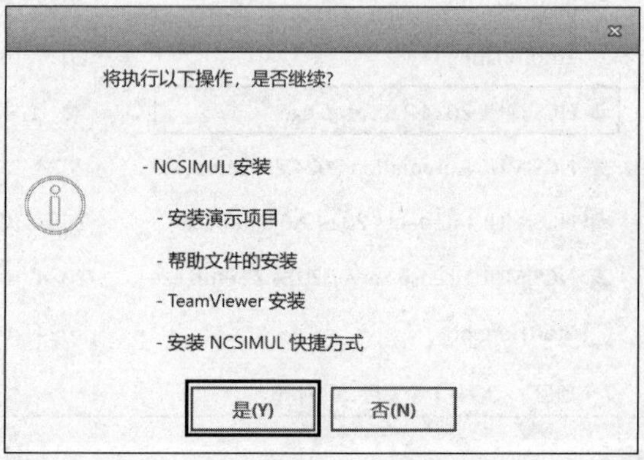

图 1-5

6）①选择"软件"安装的路径位置→②选择"NCSIMUL CN 项目"的安装位置→③单击"下一步（N）"，如图 1-6 所示。

7）①"许可证类型"选择"CLS"→②单击"安装（I）"，如图 1-7 所示。

8）整个安装过程为 3 ~ 5min，如图 1-8 所示。

9）安装完成后单击"完成（F）"，如图 1-9 所示。

图 1-6

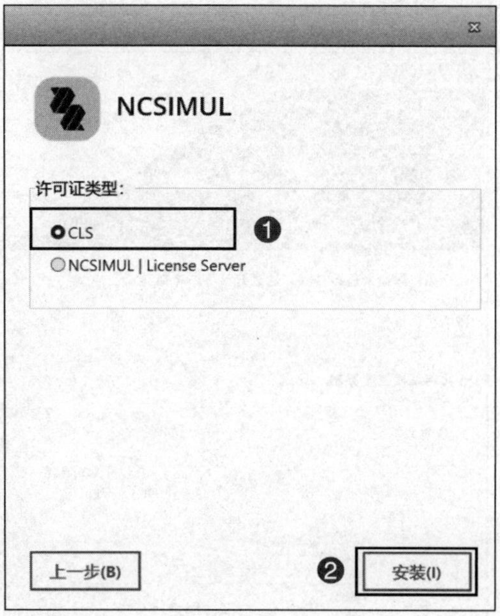

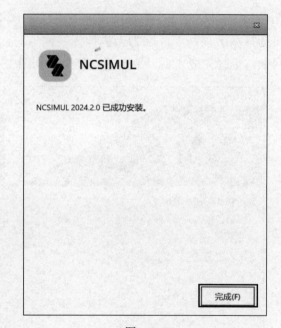

图 1-7

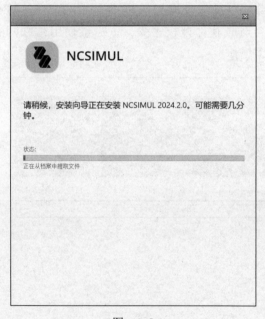

图 1-8

图 1-9

1.2 授权激活

授权激活操作步骤如下：

1）双击桌面"NCSIMUL 2024.2.0"图标，弹出"授权向导"对话框，单击"单机授权"，如图 1-10 所示。

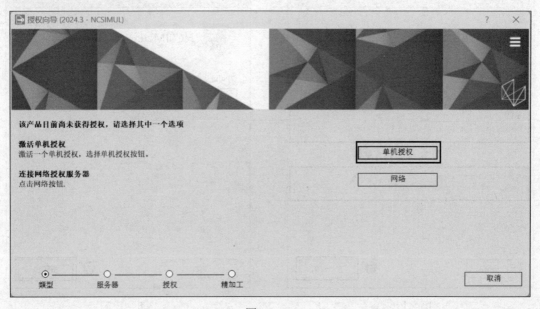

图　1-10

2）选择任意一个有线网卡或者无线网卡机器码（如果使用的是 USB 外接网卡，尽量不要选择激活该网卡，因为当拔掉无线网卡时，会造成软件授权丢失），尽量使用常联网的网卡。选择完成之后，单击"安装"，如图 1-11 所示。

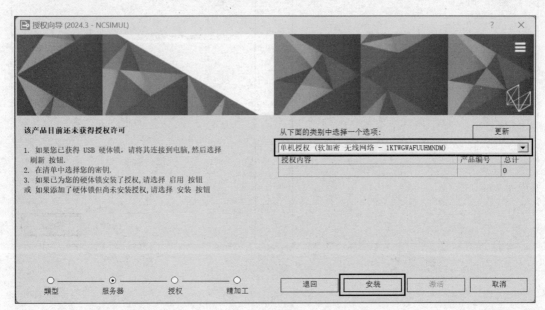

图　1-11

3）①在"服务代码"中输入一个 24 位数的软件激活码（试用激活码由海克斯康企业销售人员提供）→②单击"安装"，如图 1-12 所示。

4）稍等片刻之后，弹出"恭喜！NCSIMUL 现已获得授权并可以使用"的界面，然后单击"完成"退出软件安装,如图 1-13 所示。

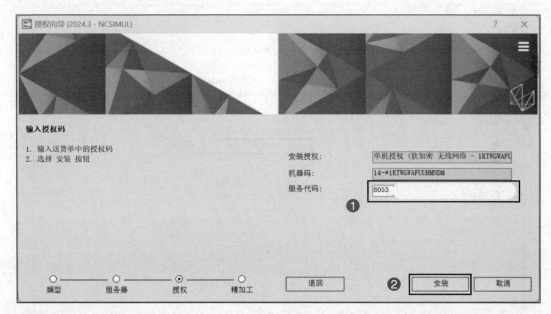

图 1-12

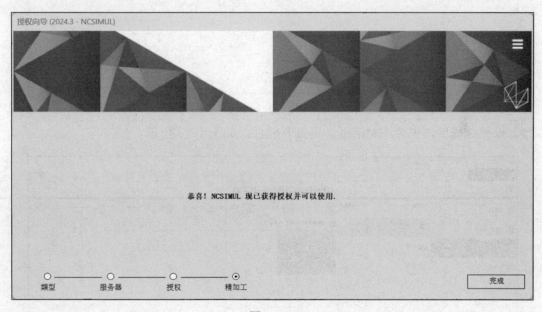

图 1-13

1.3 一般设置

1)双击桌面"NCSIMUL 2024.2.0"图标,在弹出的窗口中单击"文件"→"参数偏好",弹出"参数偏好"对话框,进行软件的设置:①单击"常规"→②勾选"在文件列表打开 NCSIMUL"→③单击"OK",如图 1-14 所示。

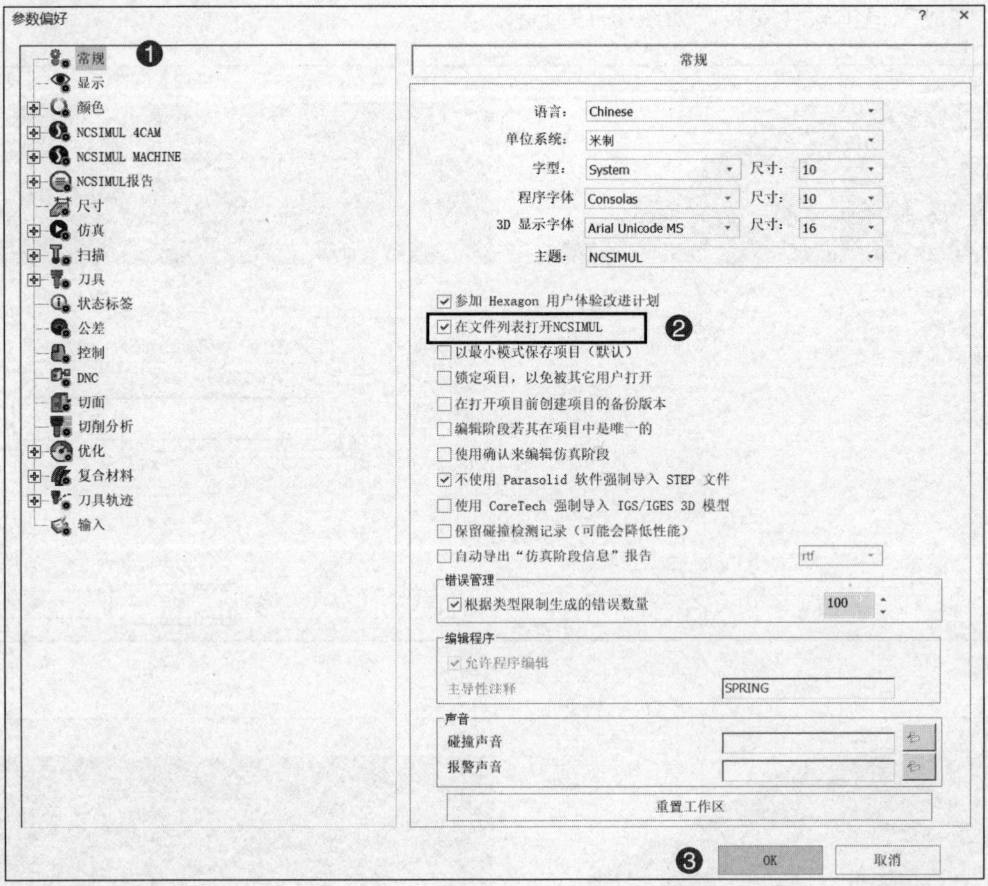

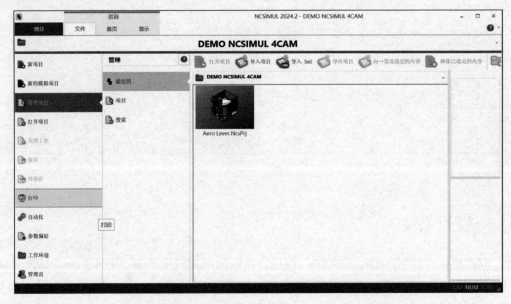

图 1-14

2）设置完成后，先关闭对话框，再打开软件，如图 1-15 所示。

图 1-15

1.4 导入控制器

在 NCSIMUL 中构建五轴机床仿真环境时，通常由运动学（机床结构）、控制器（解读代码）、写入控制器（重写代码控制器）三个部分组成，如图 1-16 所示。

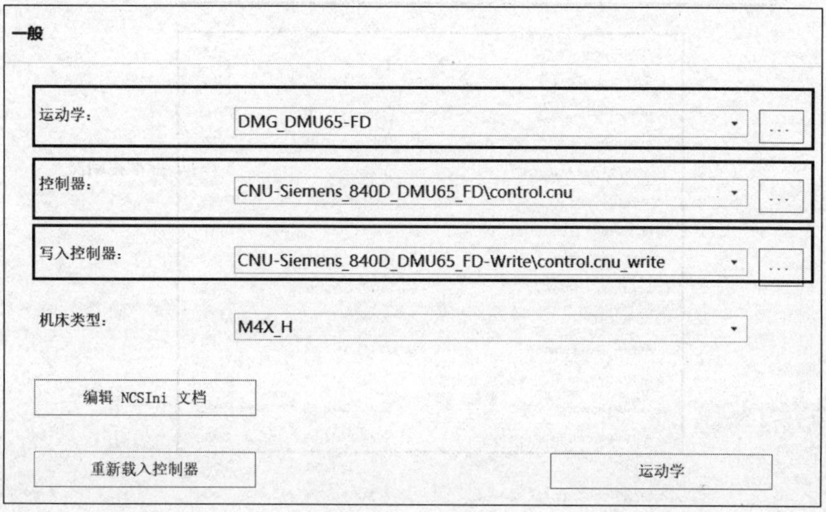

图 1-16

下面以 SINUMERIK 840D 数控系统为例，介绍导入控制器（以 NCSIMUL 2022.3 为例）的操作步骤。

1）进入管理员模式：①单击"管理员"→②单击"进入管理员模式"，输入密码 admin →③进入管理员模式，如图 1-17 所示。

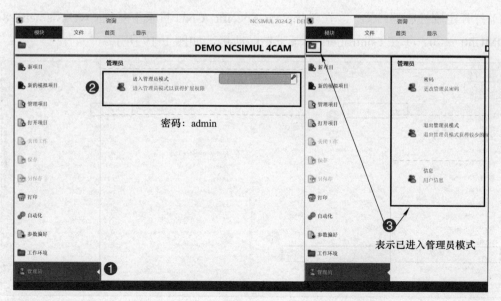

图 1-17

2）标准控制器文件在安装目录下的具体路径为 D:\Program Files\Hexagon\NCSIMUL 2022.3\Resources\CnuRead（不同版本的路径略有不同），如图 1-18 所示。

图　1-18

3）打开定制控制器：①、②在 Template_Specific_CNU 目录下复制 CNU-Siemens_840D_111_DMU50→③、④在 Controllers 目录下粘贴即可，如图 1-19 所示。

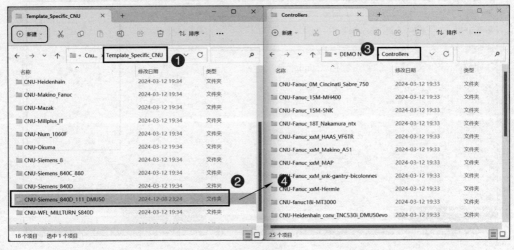

图　1-19

4）可以对其进行重命名，这个文件夹的名字即在配置机床时调用的控制器名称"CNU-Siemens_840D_111_DMU50"，如图 1-20 所示。

图　1-20

注意：2022 之后的版本可以直接选择默认控制器，省略了复制控制器的步骤。

1.5　鼠标的应用

鼠标的应用见表 1-1。

表　1-1

功能	鼠标动作
移动 3D 界面的模型	按下右键移动鼠标
旋转 3D 界面的模型	按下左键移动鼠标
缩放 3D 界面的模型	滚动鼠标滚轮上下转动

第 2 章　机床仿真环境搭建

2.1　机床仿真环境搭建的意义

NCSIMUL 机床仿真环境有效避免了机床实际加工过程中的碰撞和干涉问题，机床创建过程完全按照机床运动原理进行分解，通过组件和模型的概念来定义运动轴的方向、原点、模型定位设置等。

2.2　机床类型（铣床）

机床类型（铣床）包含三轴立式机床、三轴卧式机床、四轴立式机床、四轴卧式机床、四轴摆头机床、五轴 AC 摇篮机床、五轴 BC 一转头一转台机床、五轴 AC 双摆头龙门机床、五轴 BC 非正交摇篮机床、五轴 BC 非正交一转头一转台机床和五轴 AC 非正交一转头一转台机床。

2.3　机床仿真环境搭建的概念

机床仿真环境的搭建是将数控机床实体按照运动逻辑关系进行分解，并为各组件添加相关的模型，然后按照它们之间的逻辑结构关系进行虚拟装配。

1. 组件

1）NCSIMUL 使用不同类型的组件表示不同功能的实体模型，并用模型来定义各组件的三维尺寸及形状。

2）组件被默认为没有尺寸和形状，组件只定义了实体模型的功能，通过"3D 对象"功能增加模型到组件，使组件具有三维尺寸及形状，如图 2-1 所示。

2. 模型

1）模型使组件具有三维尺寸和形状。

2）通过将模型放到相应组中完成机床模型的搭建。

3）每个模型都有自己的坐标系，通过调整模型位置来满足组件的逻辑关系。

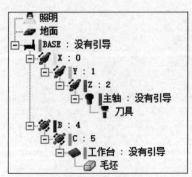

图　2-1

2.4　搭建仿真机床范例

2.4.1　新建机床

1）①单击"机床"→②在弹出的"机床的浏览器"对话框中单击""创建机床，如图 2-2 所示。建议进入管理员状态，管理员密码默认为 admin。

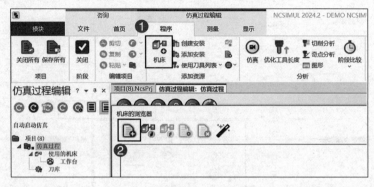

图　2-2

2）根据界面提示，输入机床名称和客户代码，如图 2-3 所示。机床名称通常包含机床厂家和型号、控制器名称和型号、轴信息等，如"DMU50-Siemens_840D"；客户代码通常为 6 位数字。

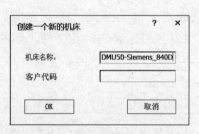

图　2-3

3）输入机床名称后，进入新的对话框，在"控制器"下拉框中可以找到之前复制的控制器文件，如图 2-4 所示。

图　2-4

4）此时"运动学"框的下拉框为空（表示当前用户下没有任何机床结构），可以通过①单击"运动学"→②输入运动名称：DMU50→③单击"OK"添加，如图 2-5 所示。

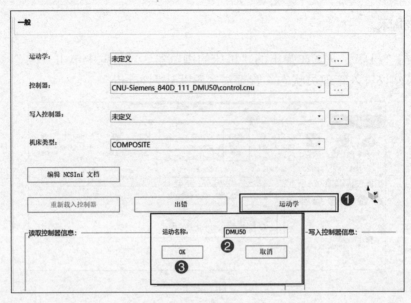

图　2-5

2.4.2　建立机床结构

在图 2-6 所示界面可以完成建立运动结构。建立完成后可在标题栏中看到名称，如 control.NcsKin，在文件夹中可以看到机床和结构的文件，如图 2-7 所示。

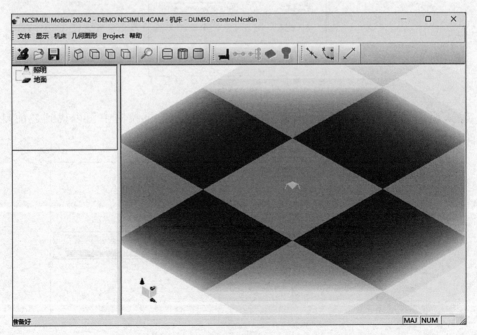

图　2-6

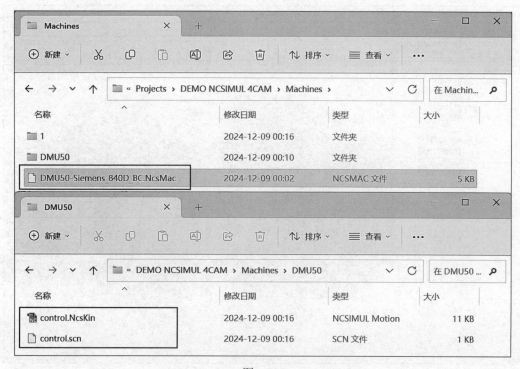

图　2-7

图 2-8 所示为五轴 BC 结构的机床，其建立机床结构的具体步骤如下：

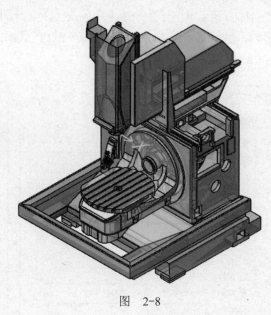

图　2-8

1）单击图标"■"或者菜单栏中单击"机床"→"加机架"来创建机床底座部分属
性，如图 2-9 所示。

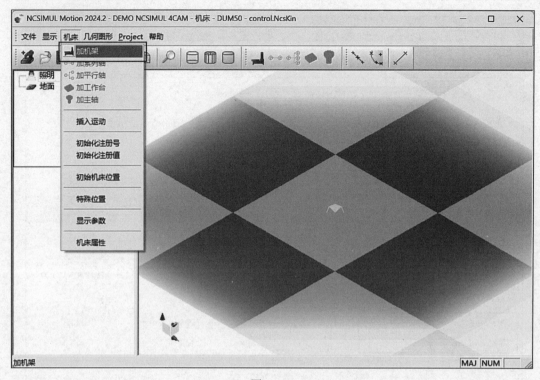

图 2-9

2）在"机床轴的编辑"对话框的"名称"中输入"BASE"，可根据个人情况输入任意名称，单击"OK"，如图 2-10 所示。由于这个组件是基础组件，所以在"支持轴"中是灰色显示的。"轴类型"为"机架"。由于是单通道机床，所以"通道"为"0"，同一通道组件、通道号码应相同。"链接形式"为"静态"。

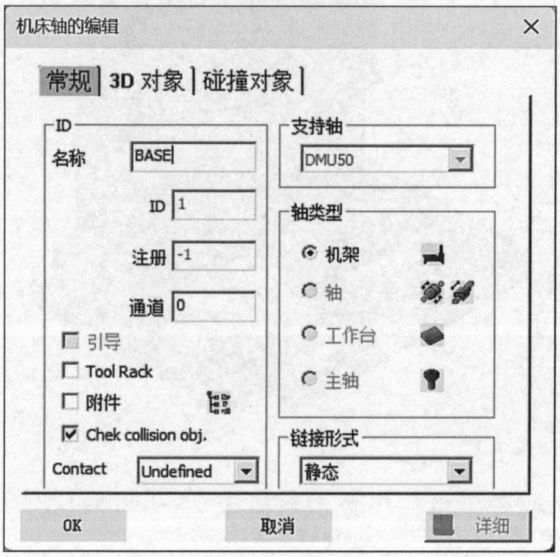

图 2-10

3）单击"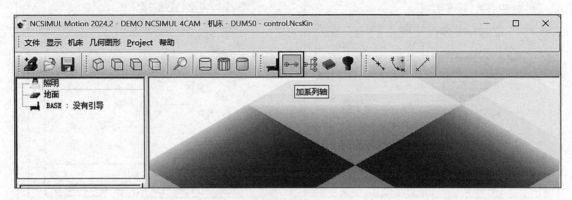"或者在"机床"下拉菜单中单击"加系列轴",如图 2-11 所示。

图　2-11

4）依次设置各个轴组件:

a）X 轴组件:①"名称"输入"X"→②"链接形式"选择"线性的"→③单击"OK",如图 2-12 所示。

b）Y 轴组件:①"名称"输入"Y"→②"链接形式"选择"线性的"→③单击"OK",如图 2-13 所示。

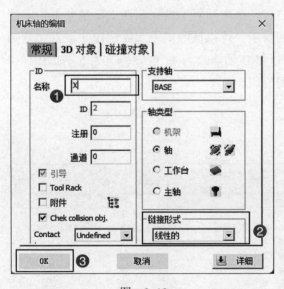

图　2-12

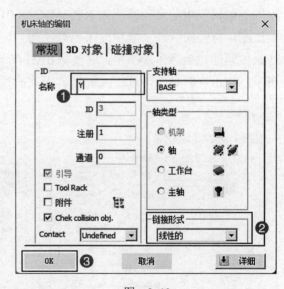

图　2-13

c）Z 轴组件:①"名称"输入"Z"→②"链接形式"选择"线性的"→③单击"OK",如图 2-14 所示。

d）B 轴组件:①"名称"输入"B"→②"链接形式"选择"旋转的"→③单击"OK",如图 2-15 所示。

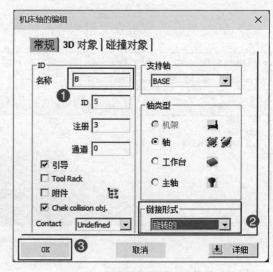

图 2-14   图 2-15

e）C 轴组件：①"名称"输入"C"→②"链接形式"选择"旋转的"→③单击"OK"，如图 2-16 所示。

5）在软件界面结构树中可以看到新建的五个轴系的组件依附在机架组件下，它们属于平行关系，每个轴的名字后面还有数字，表示"机床轴的编辑"中的注册号码。通常在"机床轴的编辑"中的号码排列为 XYZABC → 012345。这个号码不做强制要求，主要是为了逻辑清晰，有些实际控制器和机床也有注册号码的要求，可以按照机床实际情况来设置。号码默认按照创建顺序依次产生，这里是 01234，可以将 B 轴修改为 4，C 轴修改为 5，如图 2-17 所示。双击当前轴，可以进入编辑界面修改注册号码。

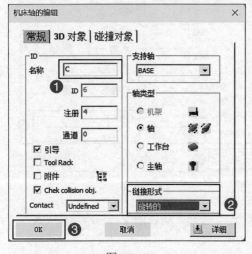

图 2-16

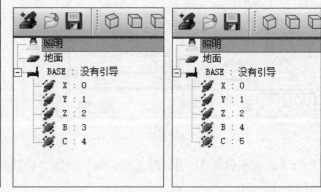

图 2-17

6）代表机床的 5 个轴属于平行关系，与机床逻辑不符，可以通过"机床轴的编辑"对话框中的"支持轴"来调整逻辑关系，也可以在结构树中直接拖拽轴来编辑逻辑关系。

a）Y 轴组件的逻辑关系：①"支持轴"选择"X"→②单击"OK"，如图 2-18 所示。

b）Z 轴组件的逻辑关系：①"支持轴"选择"Y"→②单击"OK"，如图 2-19 所示。

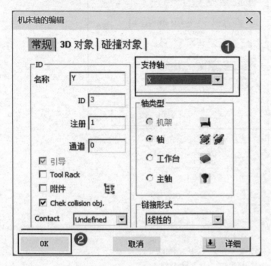

图　2-18

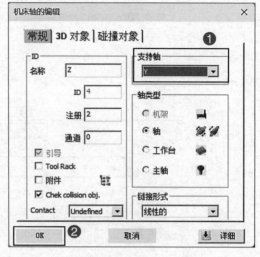

图　2-19

c）C 轴组件的逻辑关系：①"支持轴"选择"B"→②单击"OK"，如图 2-20 所示。调整后的逻辑关系如图 2-21 所示。

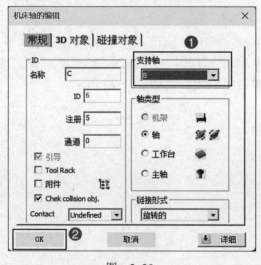

图　2-20

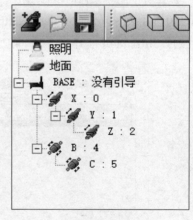

图　2-21

这时可以根据实际情况设置每个轴的属性，也可以添加模型。如果没有模型，并不影响实际运动，只是不能体现机床结构之间的碰撞检测功能。

7）给 BASE 组件添加模型：

a）双击"BASE"，进入"机床轴的编辑"对话框：①单击"3D 对象"→②单击"⊙"新建→③单击"详细"→④单击"模型"→⑤单击"…"选择→⑥选择"源文件\第二章\DMU50"目录→⑦选择"dizuo1.stp"→⑧单击"打开"→⑨选择"1"实体（如果含多个实体就全部选中）→⑩单击"应用"，如图 2-22 所示。

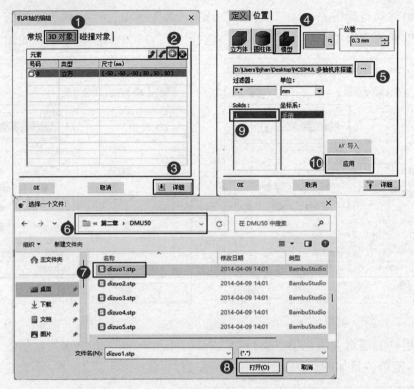

图 2-22

b) ①单击 "⊕" 新建→②单击 "模型"→③单击 "┅" 选择→④选择 "源文件 \ 第二章 \DMU50" 目录→⑤选择 "dizuo2.stp"→⑥单击 "打开"→⑦选择 "1" "2" "3" "4" "5" 实体（按住 Shift 键可选择多个实体）→⑧单击 "应用"，如图 2-23 所示。

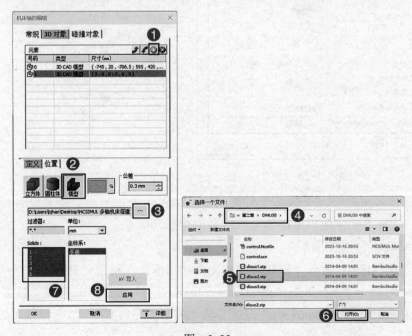

图 2-23

c）①单击"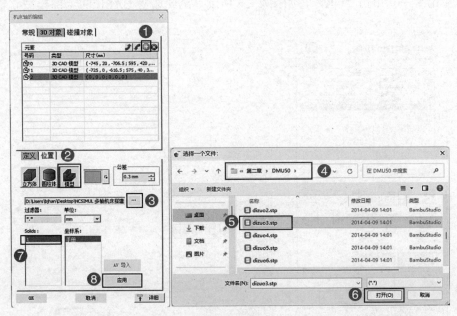⊕"新建→②单击"模型"→③单击"⋯"选择→④选择"源文件＼第二章＼DMU50"目录→⑤选择"dizuo3.stp"→⑥单击"打开"→⑦选择"1"实体→⑧单击"应用"，如图 2-24 所示。

图 2-24

d）①单击"⊕"新建→②单击"模型"→③单击"⋯"选择→④选择"源文件＼第二章＼DMU50"目录→⑤选择"dizuo4.stp"→⑥单击"打开"→⑦选择"1""2"实体→⑧单击"应用"，如图 2-25 所示。

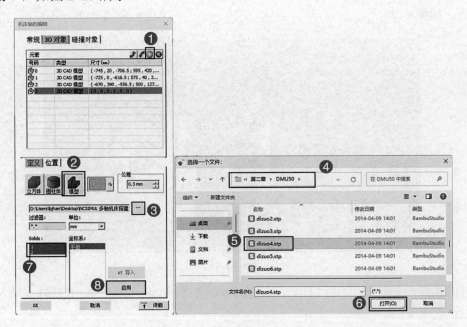

图 2-25

e）①单击"⊕"新建→②单击"模型"→③单击"⋯"选择→④选择"源文件 \ 第二章 \ DMU50"目录→⑤选择"dizuo5.stp"→⑥单击"打开"→⑦选择"1""2""3"实体→⑧单击"应用"→⑨单击"OK"，如图 2-26 所示。至此床身 BASE 的全部模型就输入完毕。

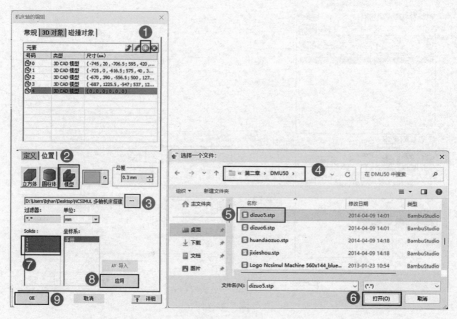

图 2-26

f）添加完 BASE 模型后，发现地板位于 Y 轴，这是由于原始 CAD 模型在建立时采用了世界坐标系。可以在 CAD 软件中设置世界坐标系和机床坐标系相同，可为以后很多操作带来便利，如图 2-27 所示。

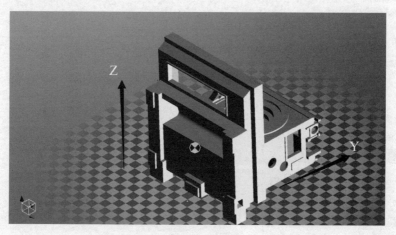

图 2-27

g）①双击"地面"→②设置沿 X 轴旋转 90°→③单击"OK"，模型将自动更新，如图 2-28 所示。

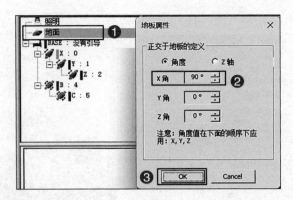

图　2-28

8）给 X 轴组件添加模型：

a）双击"X"，进入"机床轴的编辑"对话框：①单击"3D 对象"→②单击"⊕"新建→③单击"详细"→④单击"模型"→⑤单击"⋯"选择→⑥选择"源文件 \ 第二章 \DMU50"目录→⑦选择"x1.stp"→⑧单击"打开"→⑨选择"1"实体→⑩单击"应用"，如图 2-29所示。

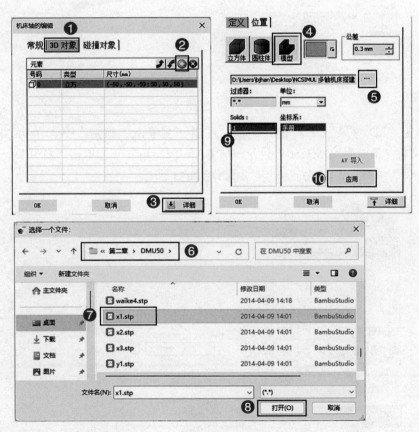

图　2-29

通常确定机床使用笛卡儿坐标系，如果运动轴从属于刀轴，那么相对于 Z 轴定义为 +1；如果运动轴不从属于刀轴，那么相对于 Z 轴定义为 -1。

b）①单击"常规"→②在"方向定义"下单击"+X"→③在 3D 界面中，会有箭头来指明当前轴的正方向，如图 2-30 所示。

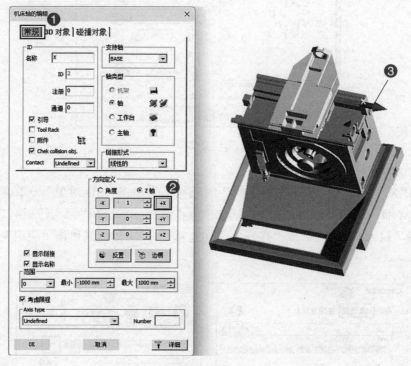

图　2-30

c）①单击"3D 对象"→②单击"🞜"新建→③单击"模型"→④单击"⋯"选择→⑤选择"源文件 \ 第二章 \DMU50"目录→⑥选择"x2.stp"→⑦单击"打开"→⑧选择"1""2""3""4"实体→⑨单击"应用"，如图 2-31 所示。

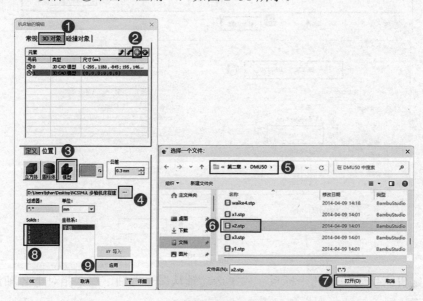

图　2-31

d）①单击"💽"新建→②单击"模型"→③单击"⋯"选择→④选择"源文件 \ 第二章 \DMU50"目录→⑤选择"x3.stp"→⑥单击"打开"→⑦选择"1"实体→⑧单击"应用"，如图 2-32 所示。

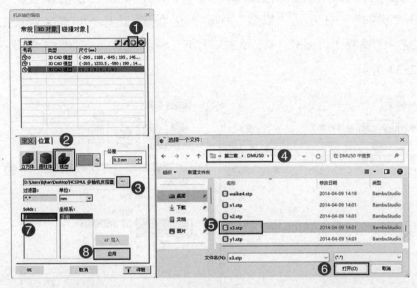

图　2-32

e）①依次选择模型→②单击"▭"更改颜色，选择需要的颜色→③在 3D 界面中，X 轴模型更改颜色完成→④单击"OK"，如图 2-33 所示。

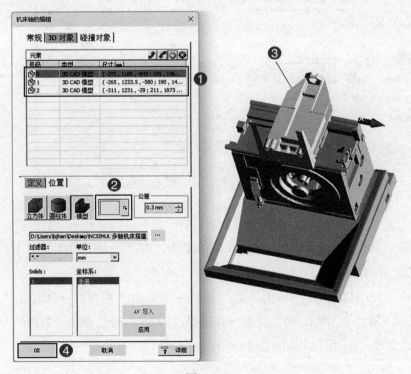

图　2-33

9）给 Y 轴组件添加模型：

a）双击"Y"，进入"机床轴的编辑"对话框：①单击"3D 对象"→②单击"[+]"新建→③单击"详细"→④单击"模型"→⑤单击"[…]"选择→⑥选择"源文件\第二章\DMU50"目录→⑦选择"y1.stp"→⑧单击"打开"→⑨选择"1""2"实体→⑩单击"应用"，如图 2-34 所示。

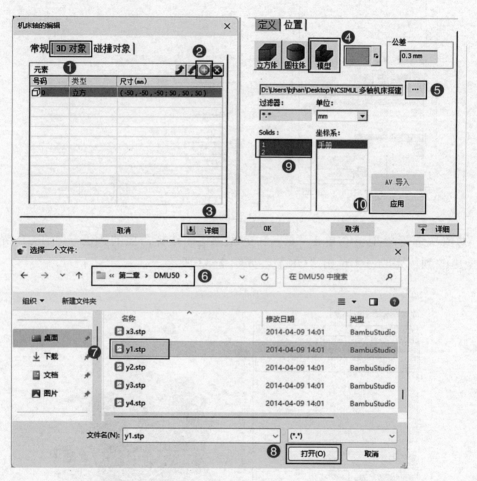

图 2-34

b）①单击"常规"→②在"方向定义"下单击"–Z"→③在 3D 界面中，会有箭头来指明当前轴的正方向，如图 2-35 所示。

c）①单击"3D 对象"→②单击"[+]"新建→③单击"模型"→④单击"[…]"选择→⑤选择"源文件\第二章\DMU50"目录→⑥选择"y2.stp"→⑦单击"打开"→⑧选择"1""2"实体→⑨单击"应用"，如图 2-36 所示。

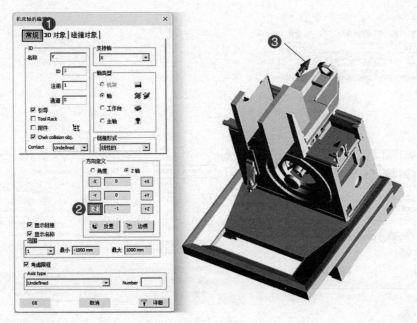

图 2-35

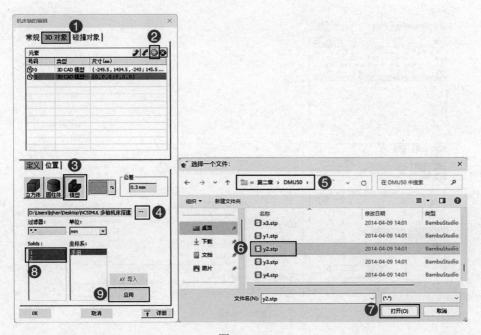

图 2-36

d）①单击""新建→②单击"模型"→③单击"……"选择→④选择"源文件 \ 第二章 \DMU50"目录→⑤选择"y3.stp"→⑥单击"打开"→⑦选择"1"实体→⑧单击"应用"，如图 2-37 所示。

e）①单击""新建→②单击"模型"→③单击"……"选择→④选择"源文件 \ 第二章 \DMU50"目录→⑤选择"y4.stp"→⑥单击"打开"→⑦选择"1""2"实体→⑧单击"应用"，如图 2-38 所示。

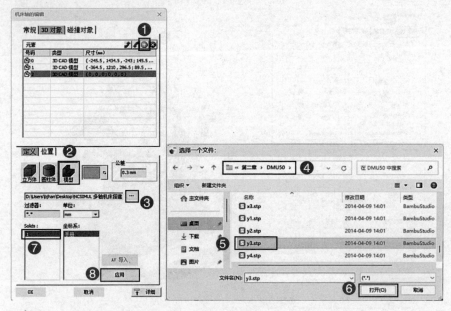

图 2-37

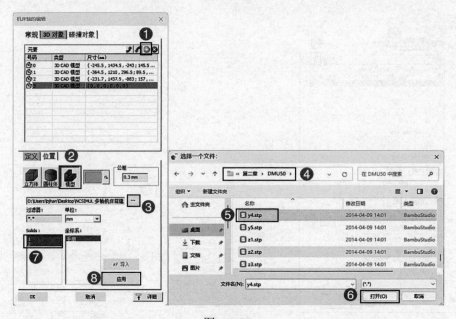

图 2-38

f) ①依次选择模型→②单击"▣▣"更改颜色,选择需要的颜色→③在 3D 界面中,Y 轴模型更改颜色完成→④单击"OK",如图 2-39 所示。

10) 给 Z 轴组件添加模型。

a) 双击"Z",进入"机床轴的编辑"对话框:①单击"3D 对象"→②单击"⊕" 新建→③单击"详细"→④单击"模型"→⑤单击"┄"选择 →⑥选择"源文件\第二章\ DMU50"目录→⑦选择"z1.stp"→⑧单击"打开"→⑨选择"1"实体→⑩单击"应用", 如图 2-40 所示。

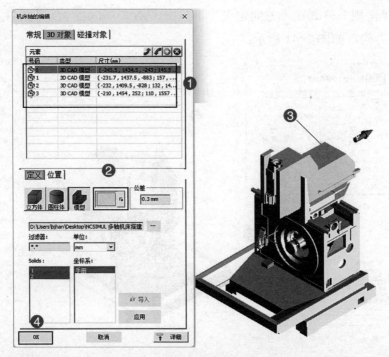

图　2-39

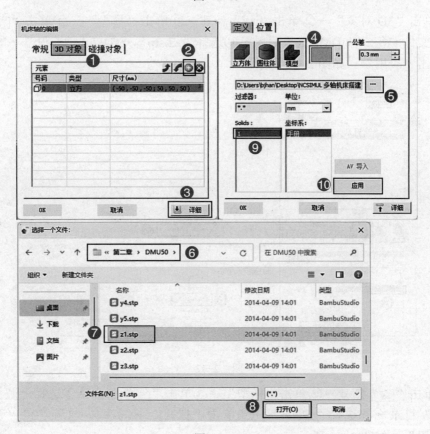

图　2-40

b）①单击"常规"→②在"方向定义"下单击"+Y"→③在 3D 界面中，会有箭头来指明当前轴的正方向，如图 2-41 所示。

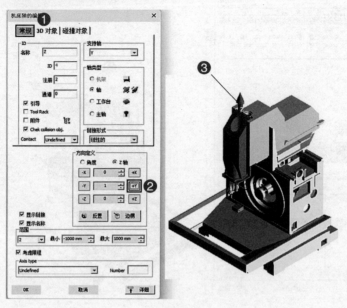

图　2-41

c）①单击"3D 对象"→②单击""新建→③单击"模型"→④单击"⋯"选择→⑤选择"源文件 \ 第二章 \DMU50"目录→⑥选择"z2.stp"→⑦单击"打开"→⑧选择"1"实体→⑨单击"应用"，如图 2-42 所示。

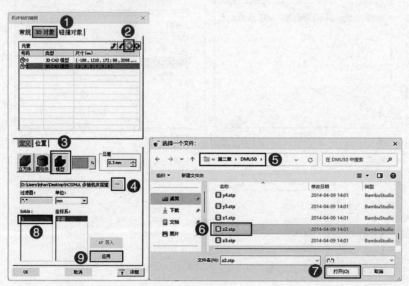

图　2-42

d）①单击"⊕"新建→②单击"模型"→③单击"⋯"选择→④选择"源文件 \ 第二章 \DMU50"目录→⑤选择"z3.stp"→⑥单击"打开"→⑦选择"1""2""3"实体→⑧单击"应用"，如图 2-43 所示。

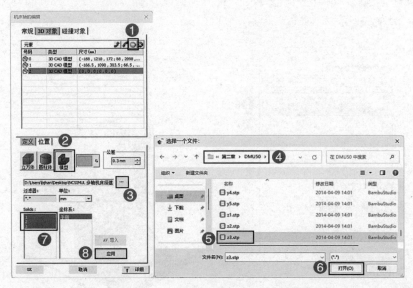

图　2-43

e）①单击""新建→②单击"模型"→③单击"[…]"选择→④选择"源文件 \ 第二章 \DMU50"目录→⑤选择"z4.stp"→⑥单击"打开"→⑦选择"1""2"实体→⑧单击"应用"，如图 2-44 所示。

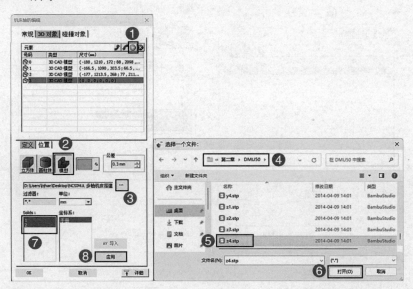

图　2-44

f）①依次选择模型→②单击"▉"更改颜色，选择需要的颜色→③在 3D 界面中，Z轴模型更改颜色完成→④单击"OK"，如图 2-45 所示。

11）给 B 轴组件添加模型。

a）双击"B"，进入"机床轴的编辑"对话框：①单击"3D 对象"→②单击"▣"新建→③单击"详细"→④单击"模型"→⑤单击"[…]"选择→⑥选择"源文件 \ 第二章 \

DMU50"目录→⑦选择"b.stp"→⑧单击"打开"→⑨选择"1""2""3"实体→⑩单击"应用",如图 2-46 所示。

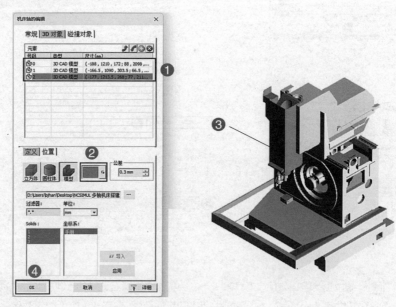

图　2-45

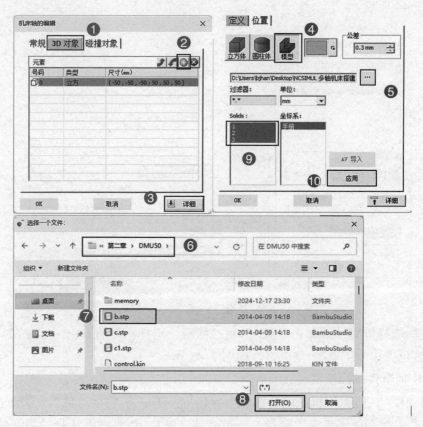

图　2-46

b）通过三点创建一点（圆心），单击"🖱"，弹出"创建一点"对话框：①单击第一点🖱→②单击模型圆上一点→③单击第二点🖱→④单击模型圆上一点→⑤单击第三点🖱→⑥单击模型圆上一点→⑦单击"OK"，如图 2-47 所示。

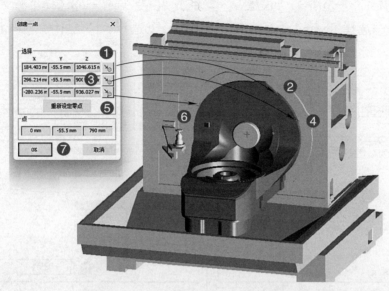

图　2-47

c）①单击"常规"→②单击"顶点"→③在顶点坐标右击→④"位置"下的 X、Y、Z 会自动填写顶点坐标→⑤在"方向定义"下单击"+Z"→⑥在 3D 界面中，会有箭头来指明当前轴的旋转正方向→⑦单击"OK"，如图 2-48 所示。

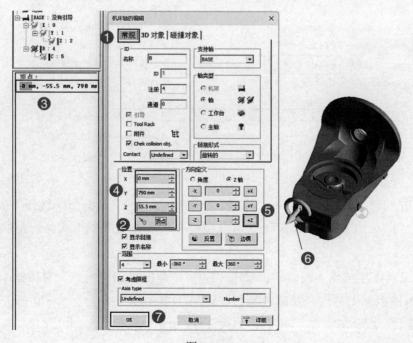

图　2-48

12）C 轴组件添加模型。

a）双击"C"，进入"机床轴的编辑"对话框：①单击"3D 对象"→②单击"⊕"新建→③单击"详细"→④单击"模型"→⑤单击"⋯"选择→⑥选择"源文件\第二章\DMU50"目录→⑦选择"c.stp"→⑧单击"打开"→⑨选择"1"实体→⑩单击"应用"，如图 2-49 所示。

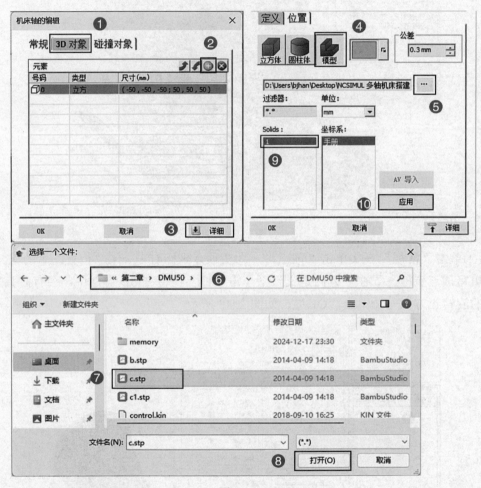

图　2-49

b）①单击"⊕"新建→②单击"模型"→③单击"⋯"选择→④选择"源文件\第二章\DMU50"目录→⑤选择"c1.stp"→⑥单击"打开"→⑦选择"1"实体→⑧单击"应用"，如图 2-50 所示。

c）通过三点创建一点（圆心），单击"⟍"，弹出"创建一点"对话框：①单击第一点⬆→②单击模型圆上一点→③单击第二点⬆→④单击模型圆上一点→⑤单击第三点⬆→⑥单击模型圆上一点→⑦单击"OK"，如图 2-51 所示。

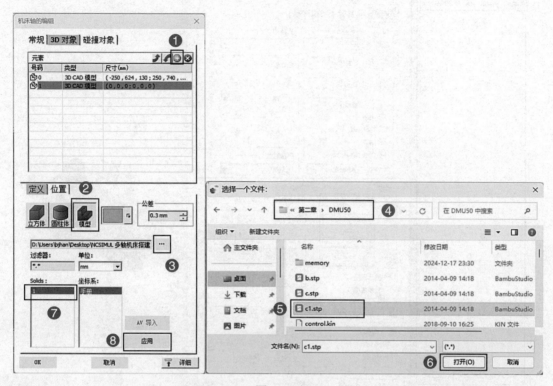

图　2-50

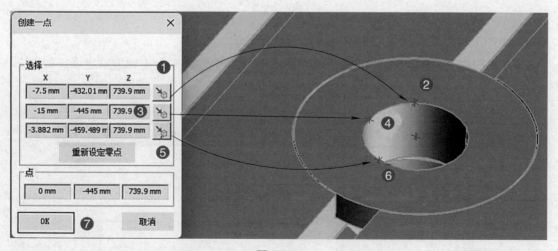

图　2-51

　　d）①单击"常规"→②单击"顶点"→③在顶点坐标上右击→④"位置"下的 X、Y、Z 会自动填写顶点坐标→⑤在"方向定义"下单击"+Y"→⑥在 3D 界面中，会有箭头来指明当前轴的旋转正方向→⑦单击"OK"，如图 2-52 所示。

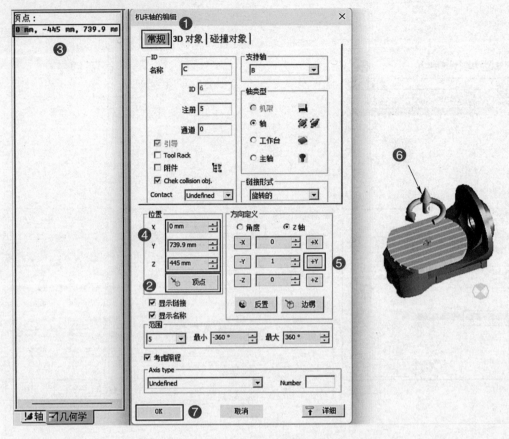

图　2-52

e）添加主轴组件，这里的主轴同时是刀具安装的位置。

f）在结构树中：①单击"Z"轴→②单击"🔘"加主轴，进入主轴编辑界面，如图2-53所示。

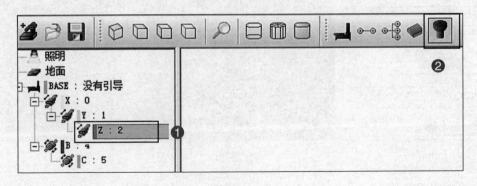

图　2-53

g）通过三点创建一点（圆心），单击"🔧"，弹出"创建一点"对话框：①单击第一点🔧→②单击模型圆上一点→③单击第二点🔧→④单击模型圆上一点→⑤单击第三点🔧→⑥单击模型圆上一点→⑦单击"OK"，如图2-54所示。

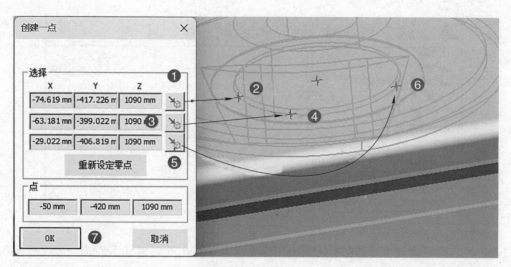

图 2-54

h) ①"名称"输入"主轴"→②单击"顶点"→③在顶点坐标上右击→④"位置"下的 X、Y、Z 会自动填写顶点坐标→⑤在"方向定义"下单击"+Y"→⑥在 3D 界面中会有主轴显示→⑦单击"OK",如图 2-55 所示。

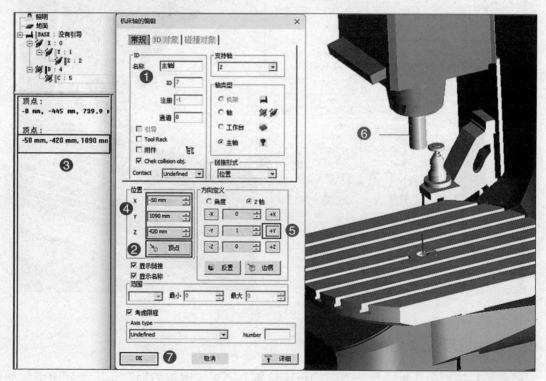

图 2-55

13) 添加工作台。

a) 在结构树中: ①单击"C 轴"→②单击"■"加工作台,进入工作台编辑界面,如图 2-56 所示。

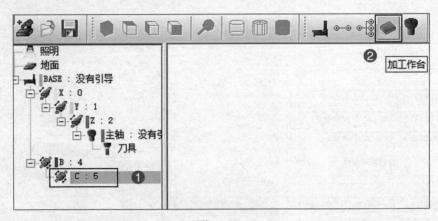

图 2-56

b）①"名称"输入"工作台"→②单击"顶点"→③在顶点坐标上右击→④"位置"下的 X、Y、Z 会自动填写顶点坐标→⑤在"方向定义"下单击"+Y"→⑥在 3D 界面中会显示工作台的零点位置→⑦单击"OK"，如图 2-57 所示。

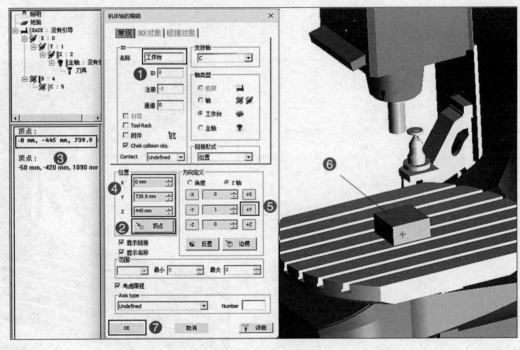

图 2-57

2.4.3 初始机床位置设置

在菜单栏中单击"机床"→"初始机床位置"，进入编辑界面。在这个界面中同样可以设置每个轴的行程范围，其中机床零点是设置机床坐标系零点（MCS）。

1）根据实际机床信息可知，机床 X 轴行程为 0 ~ -550mm，如果直接在行程中输入最大值 0、最小值 -550mm，那么机床移动范围只是在当前位置向负方向移动 550mm，不能向正方向移动。

a）设置 X 轴最大行程，如图 2-58 所示。

b）设置 X 轴最小行程，如图 2-59 所示。

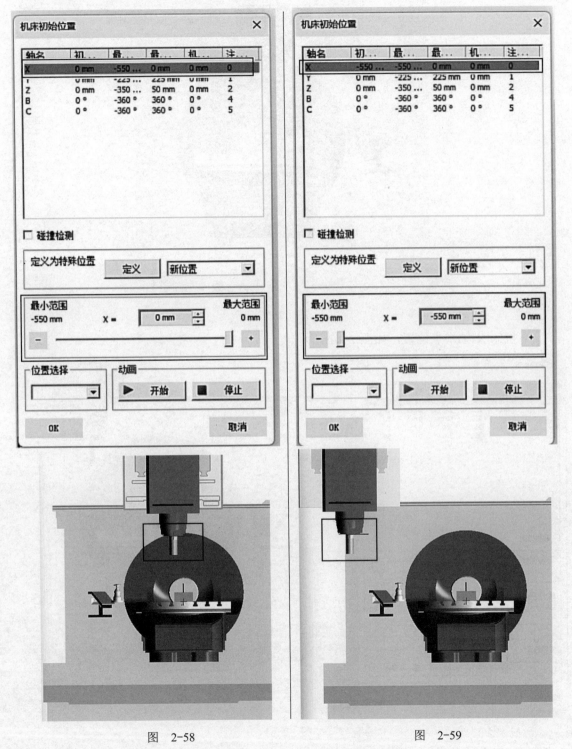

图 2-58   图 2-59

显然通过这样的设定，不能正确地表达机床的实际运动范围。

2）当前 X 轴模型并不在中心位置，X 轴行程到达 -275mm 时，正好过中心，可以将机床零点设置为 325mm，如图 2-60 所示。

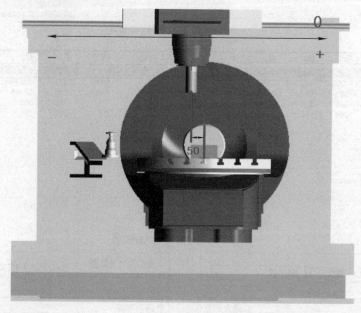

图　2-60

a）机床 X 轴零点位置，如图 2-61 所示。

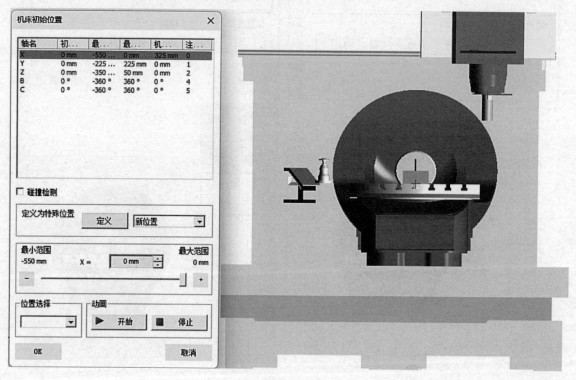

图　2-61

b）X 轴为 -275mm，正好过中心，如图 2-62 所示。

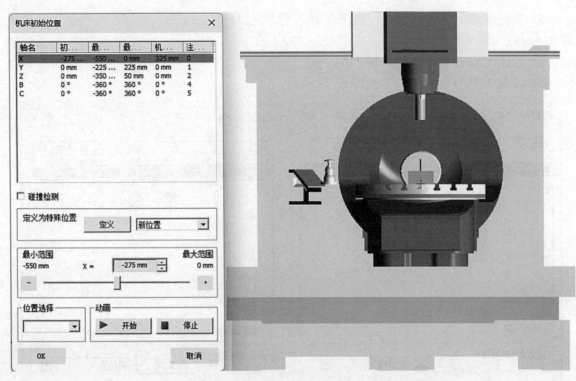

图　2-62

c）设置 X 轴初始位置，X 轴 -550mm 位置为行程极限，如图 2-63 所示。

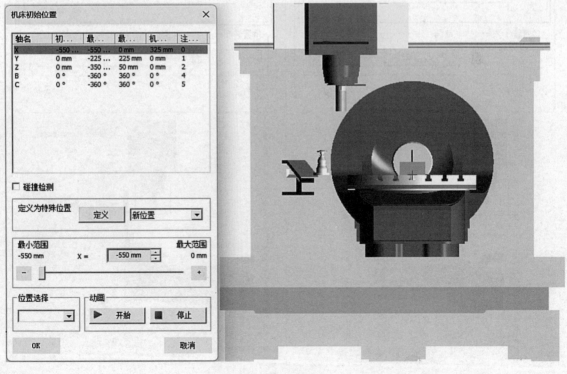

图　2-63

3）根据实际机床信息可知，机床 Y 轴行程为 –225～225mm，直接在行程中输入最大值 225mm、最小值 –225mm。

a）设置 Y 轴行程最小，如图 2-64 所示。

b）设置 Y 轴行程最大，如图 2-65 所示。

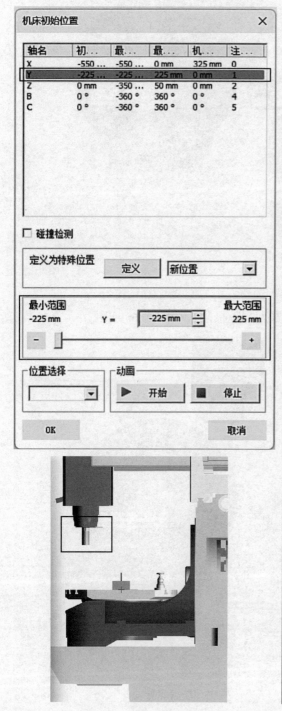

图 2-64   图 2-65

4）根据实际机床信息可知，机床 Z 轴行程为 −350 ～ 50mm，直接在行程中输入最大值 50mm、最小值 −350mm。

a）设置 Z 轴行程最小，如图 2-66 所示。

b）设置 Z 轴行程最大，如图 2-67 所示。

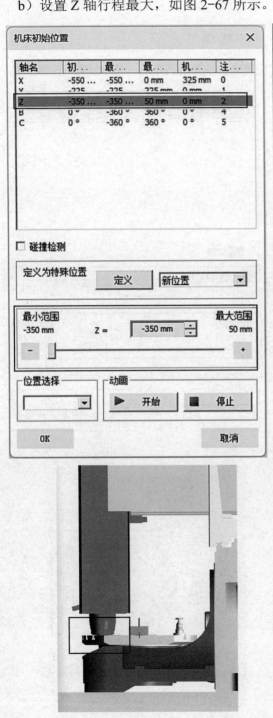

图　2-66

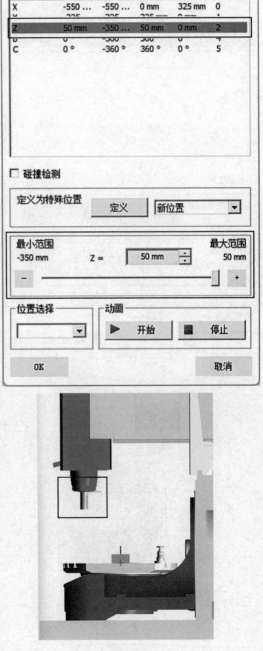

图　2-67

5）根据实际机床信息可知，机床 B 轴行程为 0°～110°，直接在行程中输入最大值110°、最小值 0°。

a）设置 B 轴行程最小，如图 2-68 所示。

b）设置 B 轴行程最大，如图 2-69 所示。

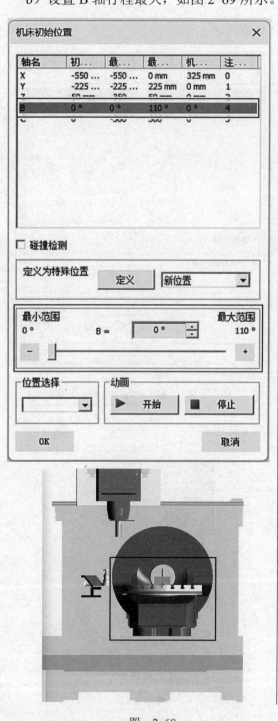

图　2-68　　　　　　　　　　　图　2-69

6）根据实际机床信息可知，机床 C 轴行程是无限的。

设置行程距离和位置要依据实际机床定，有些机床的机械坐标值只有零和负数，有些机床正负都有，可参考实际机床的信息和说明手册。

7）在"机床初始位置"对话框根据实际机床情况可以定义特殊位置，这些位置可以针对不同控制器分别引用为不同位置属性，如图 2-70 所示。这里只是定义位置，不能修改名称，命名在"特殊位置"对话框中修改。

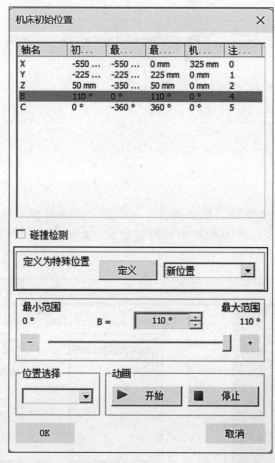

图　2-70

2.4.4　特殊位置设置

单击"机床"下拉菜单中的"特殊位置"，弹出"特殊位置"对话框。这里看到有一个位置点，这个点是在初始机床位置中定义的，但是并没有名称，单击"名称"栏，可以命名。

1）①单击""新建，可以新建位置→②在位置信息中输入需要的坐标值，单击名称空白处→③输入 TOOLCHANGE →④单击"OK"，如图 2-71 所示。

2）这些位置信息与控制器中的位置指令相关联，也可在控制器中新建位置指令。

3）通用位置信息为 TOOLCHANGE、RETRACT1、M91、M92、M140、G28、G30、SUPA 等。

4）这些位置通常要和实际机床一致，它会影响实际加工轨迹。具体位置信息可以参考机床的信息或机床说明手册。

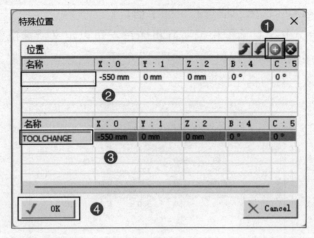

图　2-71

2.4.5　机床属性设置

单击"机床"下拉菜单中的"机床属性"，弹出"机床属性"对话框。

1）单击"碰撞"选项。在左侧栏中选择元素后，在右侧栏中选择可能与之发生碰撞的元素，如图 2-72 所示。

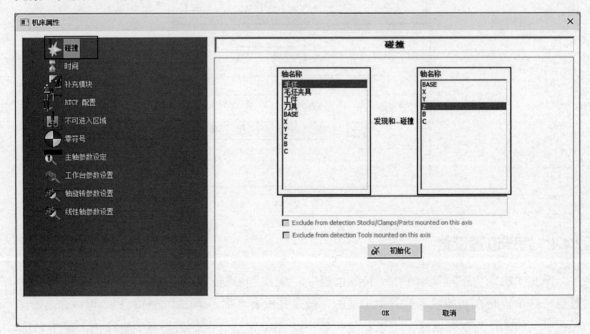

图　2-72

这个"碰撞"选项是检测碰撞的基础，和仿真设置里的"碰撞"选项是前后关系。如果这个没有设置，仿真过程中将不会有碰撞提示。这个界面是设置，仿真里是开关。

2）单击"时间"选项，可以设置每个轴的运动速度。通常插补速度是靠 F 值来控制的，这里设置的是单一轴的运动速度，如图 2-73 所示。

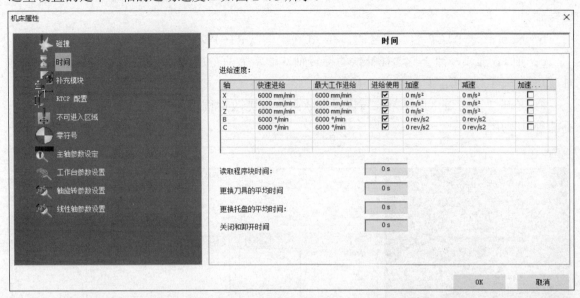

图 2-73

a）进给使用是计算速度的一种方法，如果 F 值没有超过最大工作进给，但某一轴速度超过最大工作进给，同样会有报警。

b）加速、减速代表加减速度。

c）读取程序块时间等可以根据实际情况进行设置，统计加工时间时会将其进行计算。

3）①单击"RTCP 配置"→②单击◙新建按钮→③创建一个 RTCP 配置，如图 2-74 所示。

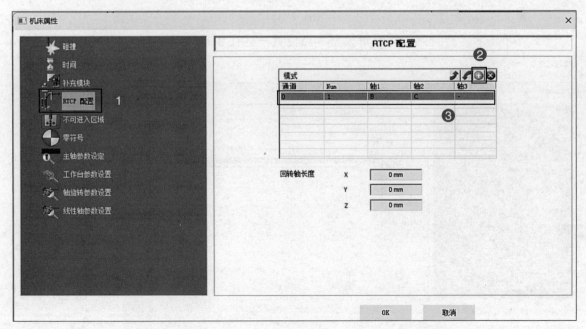

图 2-74

a）用于设置机床用到的不同的 RTCP 模式（Rotary Tool Center Point，旋转刀具中心点）。对于每一个可用的机床通道（默认情况下使用通道 0），必须指定考虑了计算 RTCP 模式的旋转轴。

b）Num 代表 RTCP 的调用号码，在 ACNU 里以 RTCPM=x 来使用。

c）轴 1、轴 2、轴 3 是选择补偿的旋转轴，通常为两个旋转轴，根据机床的不同，补偿轴有可能不同，有可能只补偿一个旋转轴。

4）单击"不可进入区域"，可以设置软限位或更改行程，需要在 CNU 调试器中定义，不能独立使用，如图 2-75 所示。

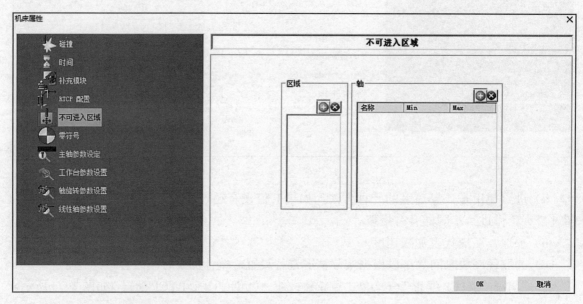

图　2-75

5）①单击"零符号"→②编辑模型零点位置→③在 3D 界面中显示该符号，如图 2-76 所示。

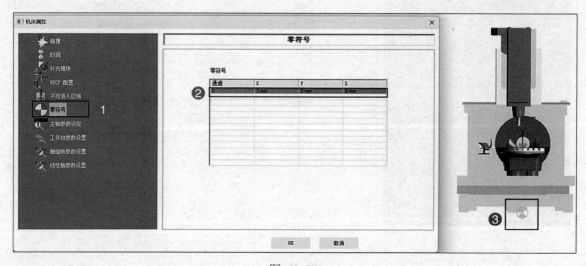

图　2-76

6）单击"主轴参数设定"选项，如果机床上设置有刀具库或车床的刀塔，可以设置刀具槽号。"刀具槽号"（刀位号）默认值为 0。在车削中，必须使用此号码为刀塔中的刀具编号。在铣削中，也可以使用此号码为刀具更换器中的刀具位置编号，如图 2-77 所示。

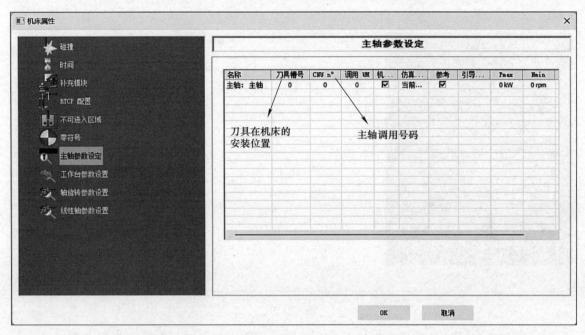

图　2-77

7）单击"工作台参数设置"选项，如果在机床中添加了多个工作台，则有多个显示，CNU 号码可以调用。若勾选"机动的"，表示可以作为主轴旋转，例如车铣复合机床，主轴和工作台都可以旋转，如图 2-78 所示。

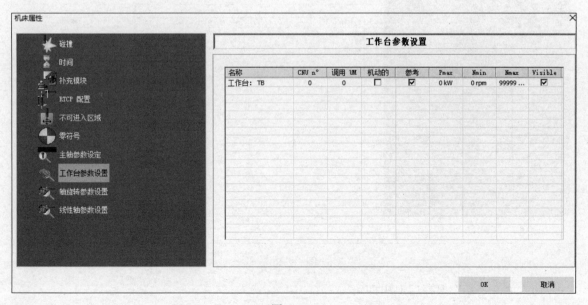

图　2-78

8）单击"轴旋转参数设置"选项，当机床中设置了旋转轴，在这个界面中都有显示，如图 2-79 所示。

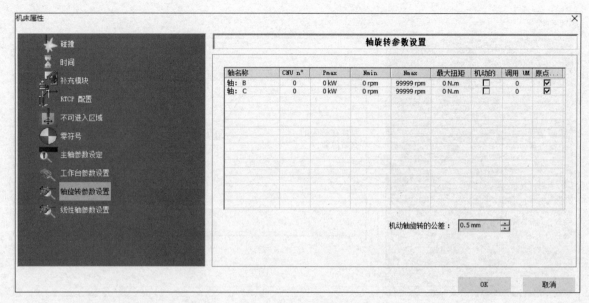

图 2-79

9）单击"线性轴参数设置"选项，当机床中设置了线性轴，在这个界面中都有显示，如图 2-80 所示。

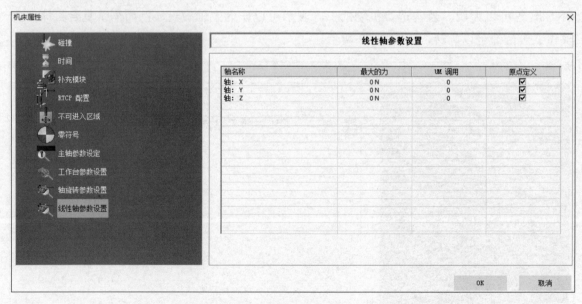

图 2-80

10）单击" 🖫 "保存后退出即可。

2.5　配置控制系统

构建完机床结构后，可以在控制器选项中选择已有的控制器，或者在配置控制器中配置一个新的控制器。

前面设置的参数可在"机床"配置界面进行修改。

2.5.1　一般

一般：用于配置全局信息，如设置运动学、控制器和机床类型，以及进行版本预览，如图 2-81 所示。

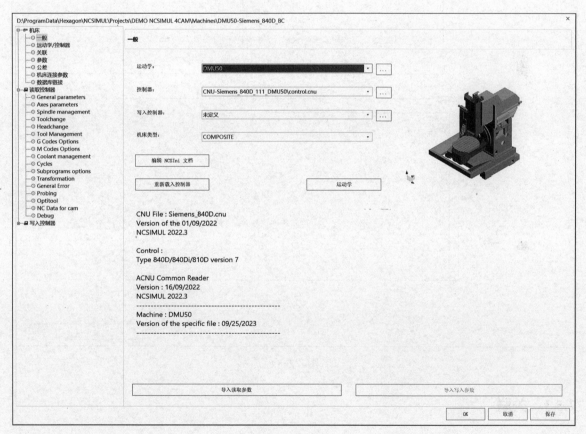

图　2-81

2.5.2　运动学 / 控制器

运动学 / 控制器：用于配置坐标系，机床运动轴和控制器轴的关系；如果有多个通道，也可以配置通道轴之间的关系，如图 2-82 所示。

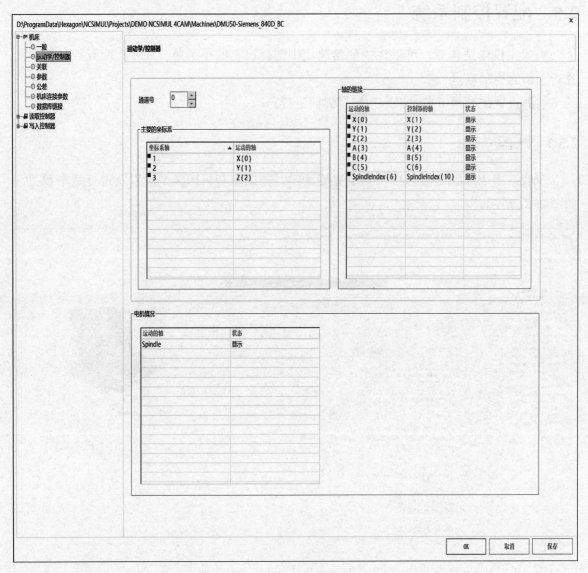

图　2-82

2.5.3 关联

1）通道参数：可以配置机床附带的初始信息、刀具库文件和初始化文件，当调用这个参数时，会将这些信息直接带入项目中，节省仿真设置时间，如图 2-83 所示。

2）记忆目录："常规参数"的"记忆目录"用于存储机床子程序、机床初始信息、机床变量文件等，这些是机床使用文件，可以将实际机床的资料直接放入这个文件夹中，创建后会在当前机床文件夹中生成一个 Memory 文件夹。

D:\ProgramData\Hexagon\NCSIMUL\Projects\DEMO NCSIMUL 4CAM\Machines\DMU50-Siemens_840D_BC

- 机床
  - 一般
  - 运动学/控制器
  - **区联**
  - 参数
  - 公差
  - 机床连接参数
  - 数据库链接
- 读取控制器
- 写入控制器

关联

通道参数

通道号	刀具文件:	初始化:		
1			↑	DEF

常规参数

记忆目录: ↻

仿真参数: ↻   DEF

☐ 锁定仿真参数

4CAM参数

扩展:

选择导出文件:

     ◉ 程序目录

     ◯ 其他: ↑

图　2-83

2.5.4　参数

参数：设置通用报警信息，如是否检测超程、死循环解析数量等，如图 2-84 所示。

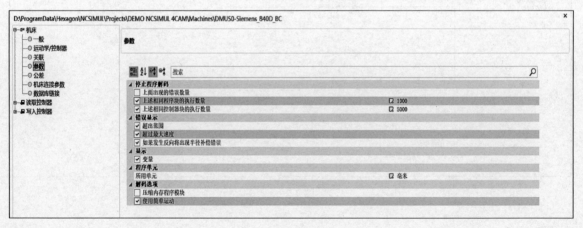

图　2-84

2.5.5　公差

公差：设置刀具路径检查和刀具路径散化，如圆弧插补最大错误数量、最大点数等，如图 2-85 所示。

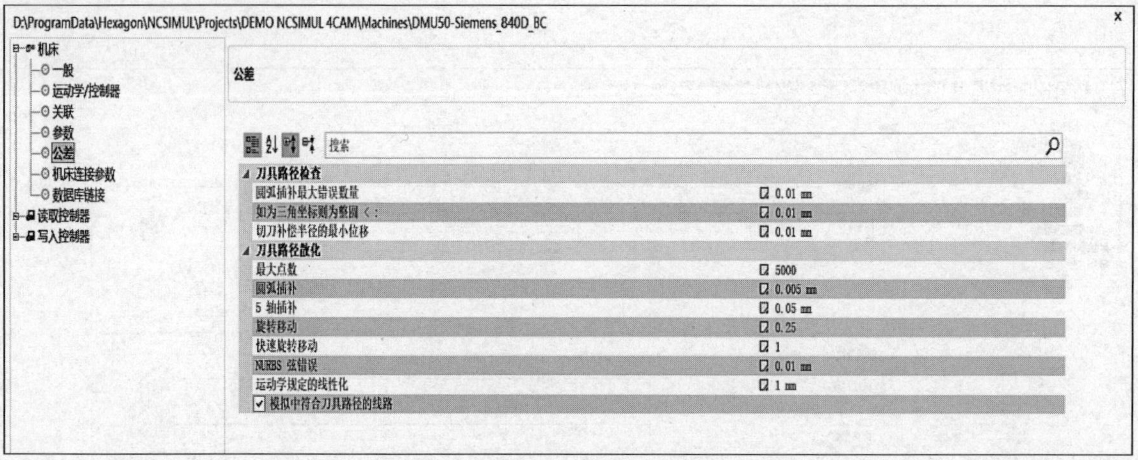

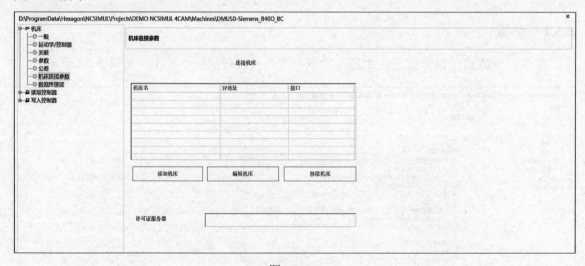

图 2-85

2.5.6 机床连接参数

机床连接参数：设置虚拟机床和实际机床通信参数，可以实现虚拟机床和实际机床同步连接，可对应多台实际机床，支持 FANUC-FOCAS、Siemens-SinCOM v4、Heidenhain-Remotools、HEXAGON Training-Tower、HuaZhong-HNC、Siemens-OPCUA、NUM-PCToolkit 通信协议，如图 2-86 所示。

图 2-86

2.6 注意事项

机床运动结构搭建完成后界面是英文的，需要替换一个文件到安装目录，具体操作如下：

在"源文件 \ 第二章"目录下，复制"Chinese_NCMOTION_U"文件（图 2-87），到"C:\Program Files\Hexagon\NCSIMUL 2024.2\Messages"安装目录下粘贴替换源文件即可，

如图 2-88 所示。

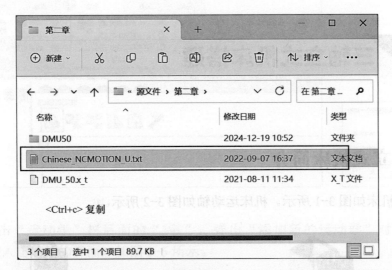

图　2-87

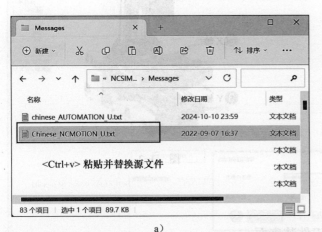

a)

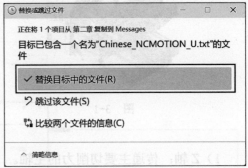

b)

图　2-88

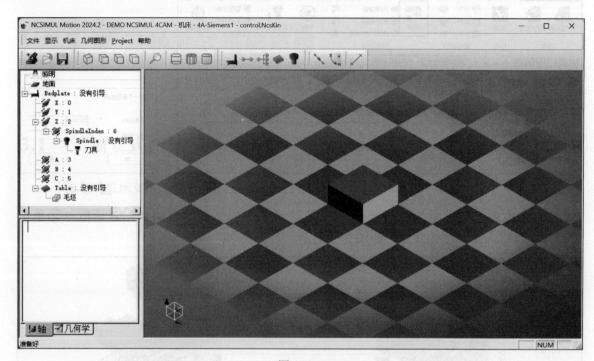

图　3-6

图 3-7 所示为 X、Y、Z 结构的机床，建立其结构的具体步骤如下：

图　3-7

1）把多出来的三个旋转轴删除，并调节各个轴的逻辑关系（选中直接拖拽即可），如图 3-8 所示。调整后的逻辑关系，如图 3-9 所示。

图　3-8

图　3-9

这时可以根据实际情况设置每个轴的属性，也可以添加模型。如果没有模型，并不影响实际运动，只是不能体现机床结构之间的碰撞检测。

2）单击快捷菜单中的"⊟"，就会在 D:\ProgramData\Hexagon\NCSIMUL\Projects\DEMO NCSIMUL 4CAM\Machines\3x-fanuc\Memory 文件夹下生成 control.scn 文件，打开"Memory"文件夹，将第 3 章的模型复制到这个文件夹下，防止路径迁移文件读不到，如图 3-10 所示。

图　3-10

3.2.3　给床身组件添加模型

1）双击"Bedplate"，进入"机床轴的编辑"对话框，把"名称"改为"BASE"。①单击"3D 对象"→②单击"◉"新建→③单击"详细"→④单击"模型"→⑤单击"…"选择→⑥选择"Memory"目录→⑦选择"BASE1.stl"→⑧单击"打开"→⑨单击"应用"，如图 3-11 所示。

2）①单击"◉"新建→②单击"模型"→③单击"…"选择→④选择"Memory"目录→⑤选择"BASE2.stl"→⑥单击"打开"→⑦单击"应用"，如图 3-12 所示。

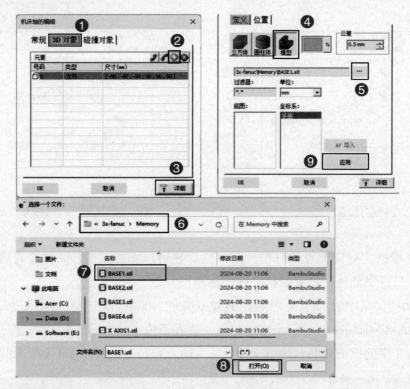

图 3-11

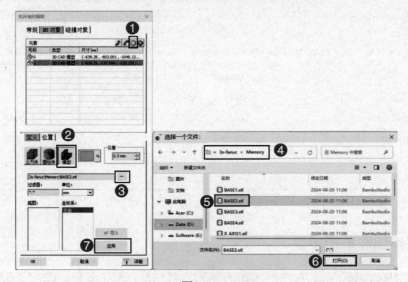

图 3-12

3）①单击"🔘"新建→②单击"模型"→③单击"⋯"选择→④选择"Memory"目录→⑤选择"BASE3.stl"→⑥单击"打开"→⑦单击"应用"，如图 3-13 所示。

4）①单击"🔘"新建→②单击"模型"→③单击"⋯"选择→④选择"Memory"目录→⑤选择"BASE4.stl"→⑥单击"打开"→⑦单击"应用"→⑧单击"OK"，如图 3-14 所示。至此床身 BASE 的全部模型输入完毕。

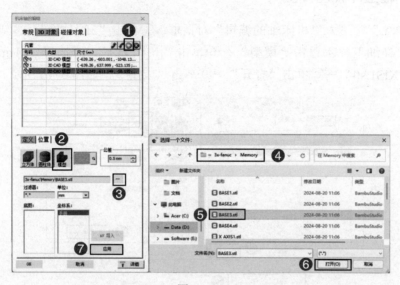

图　3-13

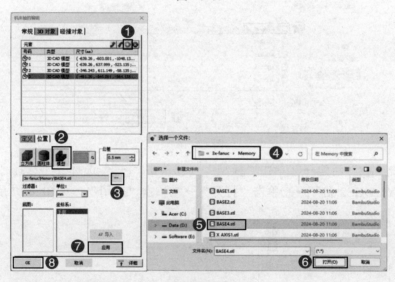

图　3-14

5）添加 BASE 模型后的效果如图 3-15 所示。

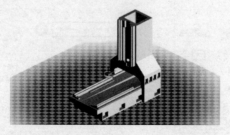

图　3-15

3.2.4 给 Y 轴组件添加模型

1）双击"Y"，进入"机床轴的编辑"对话框：①单击"3D 对象"→②单击"⊕"新建→③单击"详细"→④单击"模型"→⑤单击"┉"选择→⑥选择"Memory"目录→⑦选择"Y_AXIS1.stl"→⑧单击"打开"→⑨单击"应用"，如图 3-16 所示。

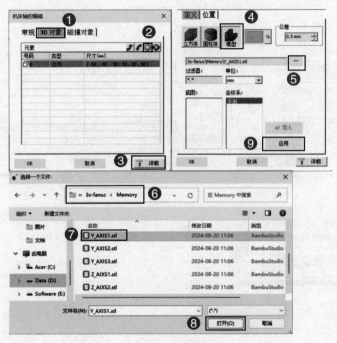

图 3-16

2）①单击"⊕"新建→②单击"模型"→③单击"┉"选择→④选择"Memory"目录→⑤选择"Y_AXIS2.stl"→⑥单击"打开"→⑦单击"应用"，如图 3-17 所示。

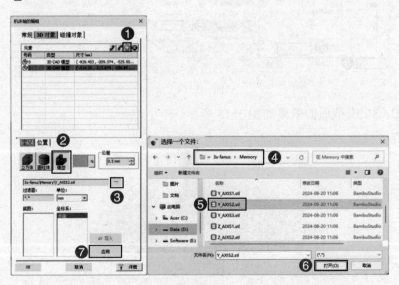

图 3-17

3）①单击"⊕"新建→②单击"模型"→③单击"…"选择→④选择"Memory"目录→⑤选择"Y_AXIS3.stl"→⑥单击"打开"→⑦单击"应用"，如图3-18所示。

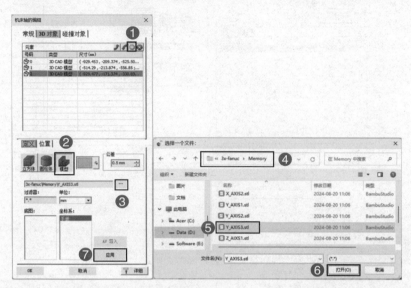

图 3-18

4）①依次选择模型→②单击"▭"更改颜色，选择需要的颜色→③在3D界面中，Y轴模型更改颜色完成→④单击"OK"，如图3-19所示。

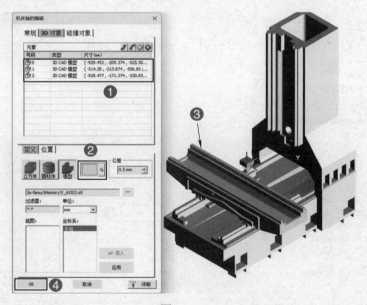

图 3-19

3.2.5 给X轴组件添加模型

1）双击"X"，进入"机床轴的编辑"对话框：①单击"3D对象"→②单击"⊕"新建→③单击"详细"→④单击"模型"→⑤单击"…"选择→⑥选择"Memory"目录→

⑦选择 "X_AXIS1.stl" →⑧单击 "打开" →⑨单击 "应用" ，如图 3-20 所示。

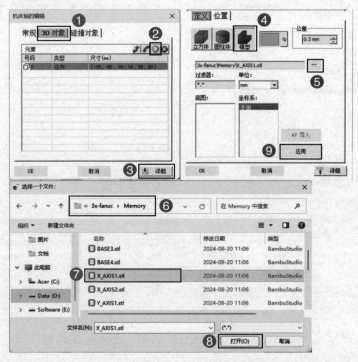

图 3-20

2) ①单击 "🔵" 新建→②单击 "模型" →③单击 "⋯" 选择→④选择 "Memory" 目录→⑤选择 "X_AXIS2.stl" →⑥单击 "打开" →⑦单击 "应用" ，如图 3-21 所示。

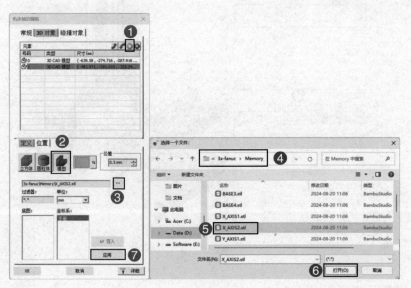

图 3-21

3) ①依次选择模型→②单击 "□" 更改颜色，选择需要的颜色→③在 3D 界面中，X 轴模型更改颜色完成→④单击 "OK" ，如图 3-22 所示。

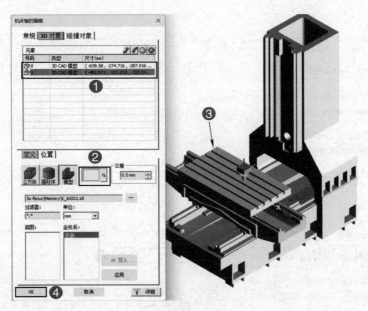

图　3-22

3.2.6　给 Z 轴组件添加模型

1）双击"Z"，进入"机床轴的编辑"对话框：①单击"3D 对象"→②单击"⊕"新建→③单击"详细"→④单击"模型"→⑤单击"⋯"选择→⑥选择"Memory"目录→⑦选择"Z_AIXS1.stl"→⑧单击"打开"→⑨单击"应用"，如图 3-23 所示。

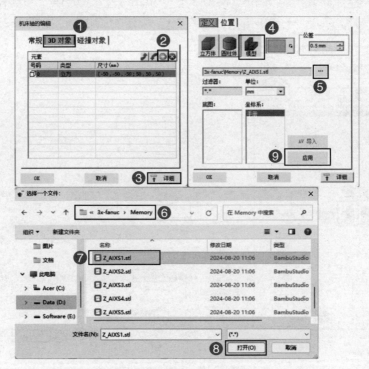

图　3-23

2）①单击"⊕"新建→②单击"模型"→③单击"⋯"选择→④选择"Memory"目录→⑤选择"Z_AIXS2.stl"→⑥单击"打开"→⑦单击"应用"，如图3-24所示。

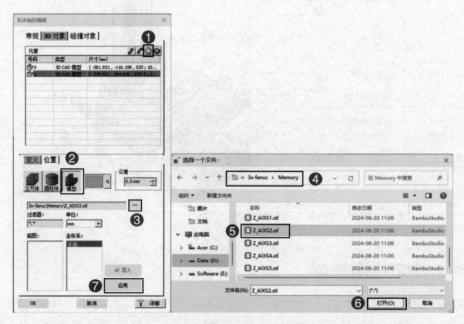

图 3-24

3）①单击"⊕"新建→②单击"模型"→③单击"⋯"选择→④选择"Memory"目录→⑤选择"Z_AIXS3.stl"→⑥单击"打开"→⑦单击"应用"，如图3-25所示。

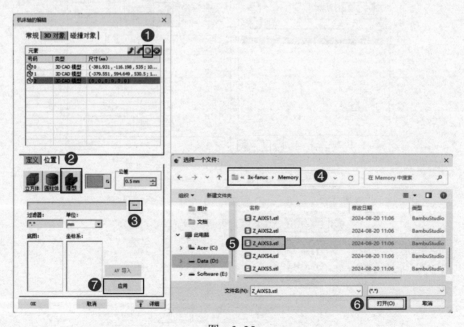

图 3-25

4）①单击"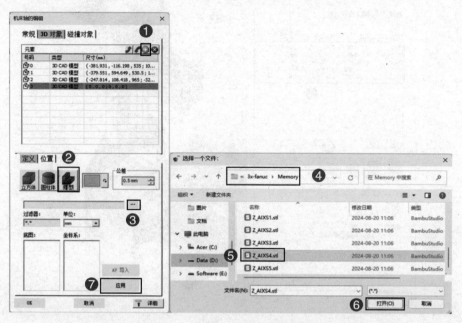"新建→②单击"模型"→③单击"⋯"选择→④选择"Memory"目录→⑤选择"Z_AIXS4.stl"→⑥单击"打开"→⑦单击"应用"，如图 3-26 所示。

图　3-26

5）①单击"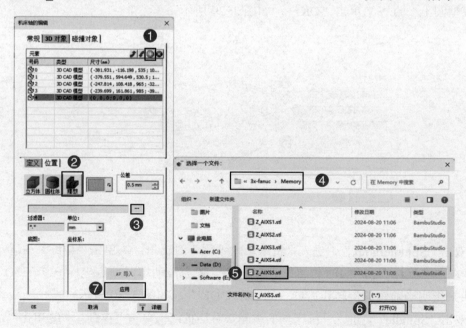"新建→②单击"模型"→③单击"⋯"选择→④选择"Memory"目录→⑤选择"Z_AIXS5.stl"→⑥单击"打开"→⑦单击"应用"，如图 3-27 所示。

图　3-27

6）①依次选择模型→②选择"　　"更改颜色，选择需要的颜色→③在 3D 界面中，

Z轴模型更改颜色完成→④单击"OK"，如图3-28所示。

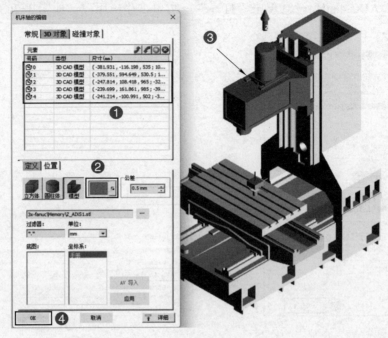

图 3-28

7）通过三点创建一点（圆心），单击"🖱"，弹出"创建一点"对话框：①单击第一点🖱→②单击模型圆上一点→③单击第二点🖱→④单击模型圆上一点→⑤单击第三点🖱→⑥单击模型圆上一点→⑦单击"OK"，如图3-29所示。

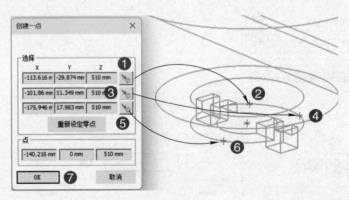

图 3-29

8）双击"SpindleIndex"，进入"机床轴的编辑"对话框：①单击"详细"→②单击"顶点"→③在顶点坐标右击→④"位置"下的X、Y、Z会自动填写顶点坐标→⑤在3D界面中，会有箭头来指明当前轴的旋转正方向→⑥单击"OK"，如图3-30所示。

9）双击"Spindle"，进入"机床轴的编辑"对话框：①单击"详细"→②单击"顶点"→③在顶点坐标右击→④"位置"下的X、Y、Z会自动填写顶点坐标→⑤在3D界面中，会显示当前主轴端点→⑥单击"OK"，如图3-31所示。

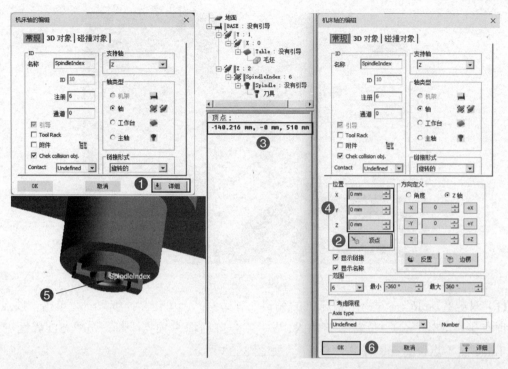

图　3-30

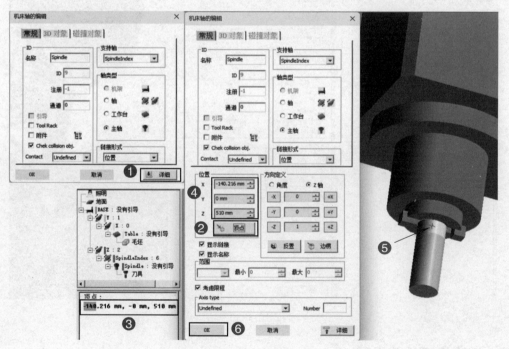

图　3-31

10）通过两点创建中间点，单击"◥"，弹出"创建一点"对话框：①单击第一点◥→②右击模型工作台对角一点→③单击第二点◥→④右击模型工作台对角一点→⑤单击"OK"，如图 3-32 所示。

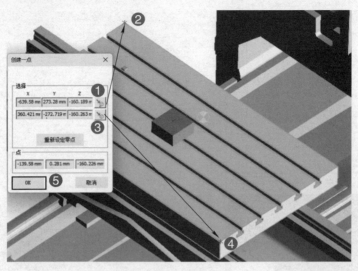

图 3-32

11）双击"Table"，进入"机床轴的编辑"对话框：①单击"详细"→②单击"顶点"→③在顶点坐标右击→④"位置"下的 X、Y、Z 会自动填写顶点坐标→⑤在 3D 界面中，会显示 Table 的零点位置→⑥单击"OK"，如图 3-33 所示。

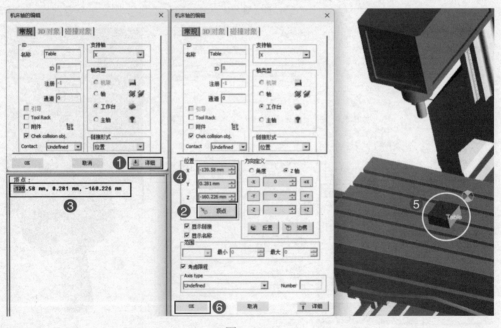

图 3-33

3.2.7 初始机床位置设置

1）在菜单栏中单击"机床"→"初始机床位置"，进入编辑界面。

2）根据实际机床信息可知，机床 Y 轴行程为 −300 ～ 300mm，直接在行程中输入最大值 300mm、最小值 −300mm。

a）设置 Y 轴行程最大，如图 3-34 所示。

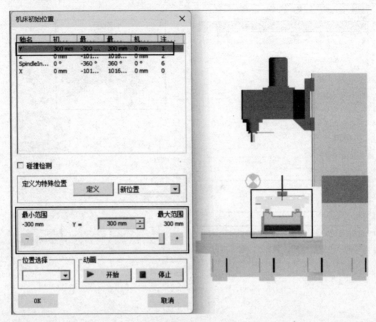

图　3-34

b）设置 Y 轴行程最小，如图 3-35 所示。

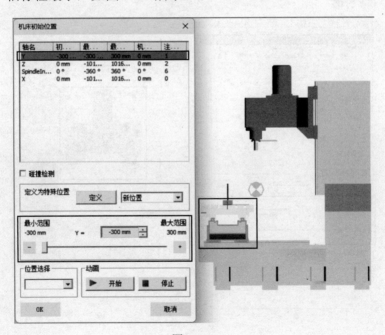

图　3-35

3）根据实际机床信息可知，机床 Z 轴行程为 -550 ～ 0mm，直接在行程中输入最大值 0、最小值 -550mm。

a）设置 Z 轴行程最大，如图 3-36 所示。

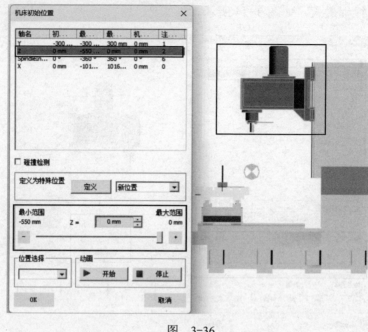

图 3-36

b）设置 Z 轴行程最小，如图 3-37 所示。

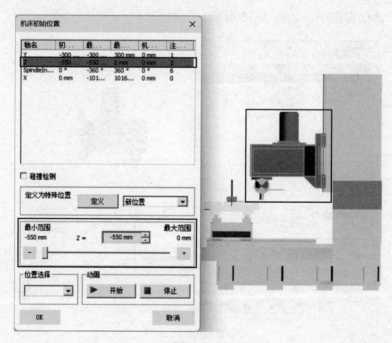

图 3-37

4）根据实际机床信息可知，机床 X 轴行程为 −400 ～ 400mm，直接在行程中输入最大值 400、最小值 −400。

a）设置 X 轴行程最大，如图 3-38 所示。

b）设置 X 轴行程最小，如图 3-39 所示。

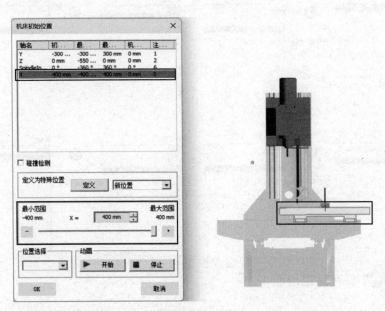

图 3-38

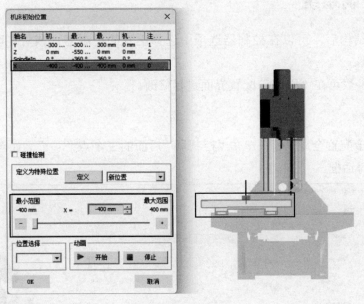

图 3-39

3.2.8 机床属性设置

1）单击"机床"下拉菜单中的"机床属性"，进入"机床属性"对话框。

2）单击"碰撞"选项，在左侧栏中选择元素后，在右侧栏中选择可能与之发生碰撞的元素，如图3-40所示：①"毛坯"发现和"Z"轴碰撞→②"毛坯夹具"发现和"Z"轴碰撞→③"工件"发现和"Z"轴碰撞→④"刀具"发现和"X"轴碰撞，单击"OK"。

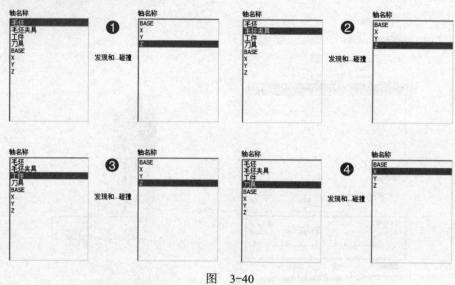

图 3-40

3）单击"🖫"保存后退出即可。

3.3 配置控制系统

构建完机床结构后，可以在控制器选项中选择已有的控制器，或者在配置控制器中配置一个新的控制器。

前面设置的参数可在"机床"配置界面进行修改。

3.3.1 一般

1）一般：用于配置全局信息，单击"控制器"后面的三个点"⋯"，如图 3-41 所示进入"新增控制器"对话框。

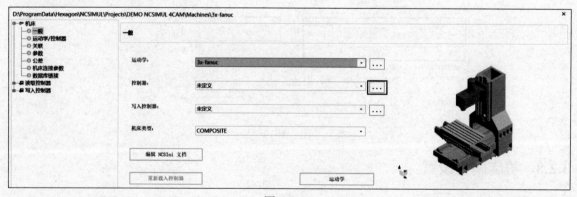

图 3-41

2）在"新增控制器"对话框：①"客户名称"输入"gm"（客户名称根据实际填写即可）→②"NCSIMUL 通用"控制器选择"Fanuc"（这里有很多控制器，根据实际情况来选择）→③"客户文件名称缩写"输入"gm"→④单击"下一个"，如图 3-42 所示，弹出"运动学 / 控制器"对话框。

图　3-42

3.3.2　运动学 / 控制器

在"运动学 / 控制器"对话框：①"运动的轴"选"SpindleIndex（6）"、"控制器的轴"选"W（9）"→②单击"下一个"，如图 3-43 所示，弹出"参数"对话框，单击"完成"。

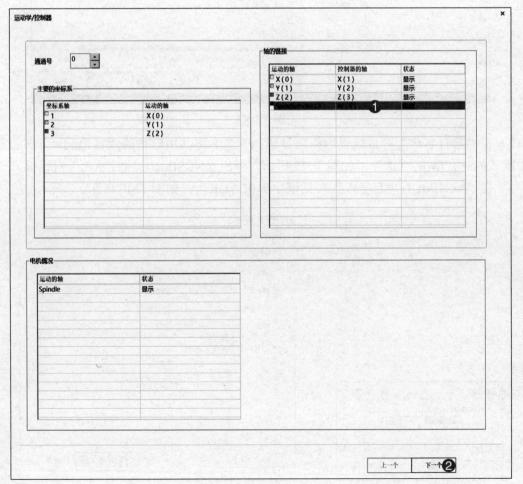

图　3-43

3.4 测试机床

1）在"管理项目"选项的"最近的"：①单击"导入项目"→②选择"源文件\第三章"目录→③选择"测试案例1"→④单击"打开"，如图3-44所示，弹出"项目名称"对话框。

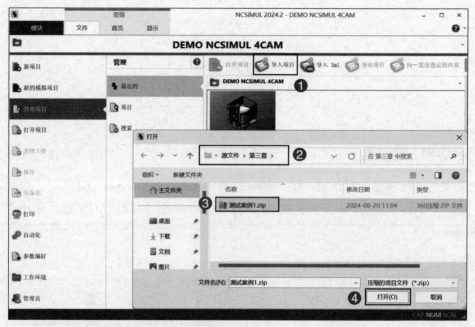

图 3-44

2）在"项目名称"对话框里为新项目选择一个名称（用默认的或自己起一个）：①这里用默认的→②单击"OK"，如图3-45所示，弹出"NCSIMUL项目导入"对话框。

3）在"NCSIMUL项目导入"对话框中单击"OK"，如图3-46所示。

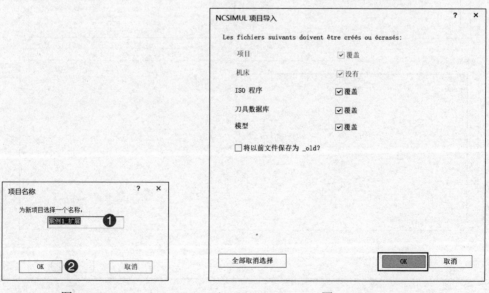

图 3-45   图 3-46

4）在"导入报告"对话框中单击"OK"，如图 3-47 所示。

5）在"NCSIMUL"对话框中单击"是（Y）"，如图 3-48 所示。

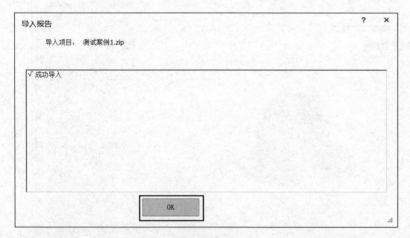

图　3-47　　　　　　　　　　　　　　　　　　　　图　3-48

6）单击"编辑过程"，如图 3-49 所示。

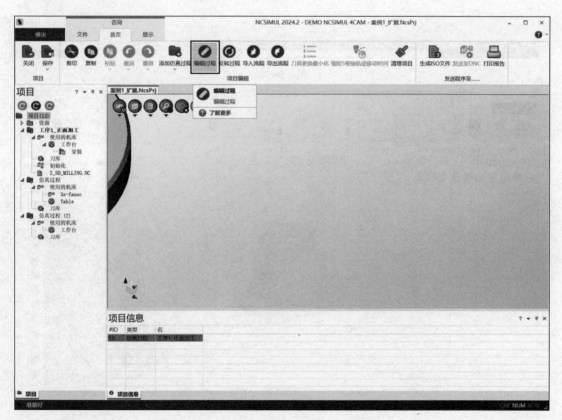

图　3-49

7）仿真过程编辑效果图如图 3-50 所示。

8）单击"仿真过程编辑"→"程序"→"机床"，如图 3-51 所示。

图 3-50

图 3-51

9）在"机床的浏览器"对话框：①选择"3x-fanuc"→②单击"OK"，如图3-52所示。

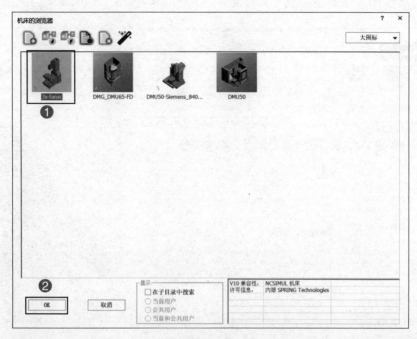

图　3-52

10）效果图如图3-53所示。

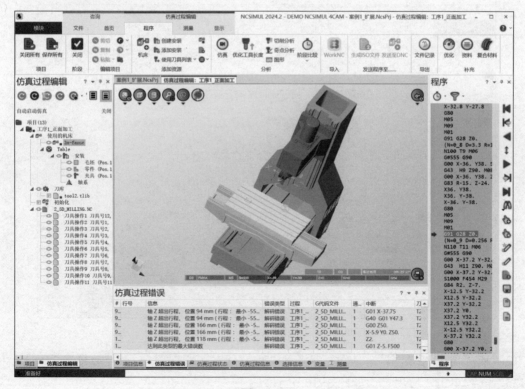

图　3-53

11）①右击选项卡中的"安装"→②单击"安装编辑器"，如图 3-54 所示。

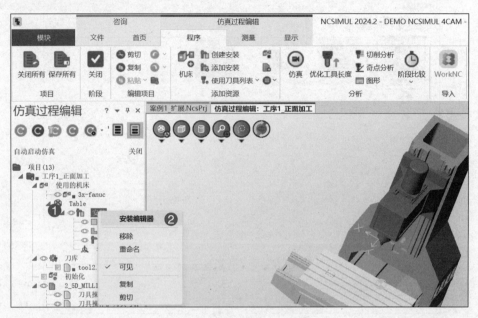

图　3-54

12）在"设置树"：①右击"安装"→②单击"编辑坐标系"，如图 3-55 所示。

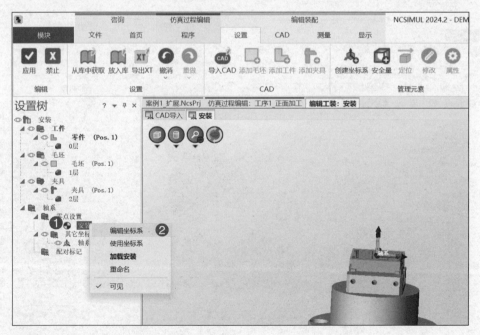

图　3-55

13）在"编辑坐标系"：①、②将 X "300" 改为 X "0"→③、④将 Z "0" 改为 Z "-135"→⑤单击"应用"，如图 3-56 所示。

14）单击"应用"，如图 3-57 所示。

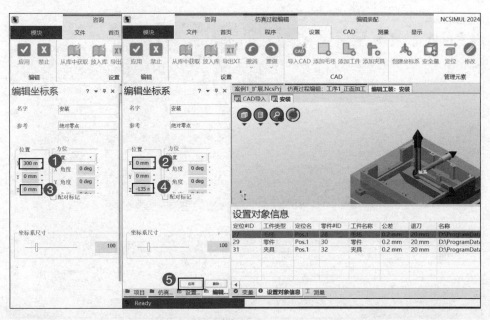

图　3-56

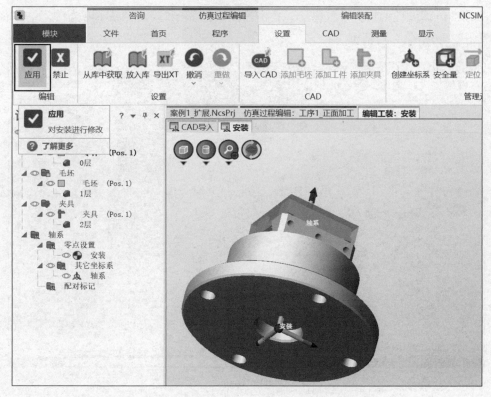

图　3-57

15）效果图如图 3-58 所示。

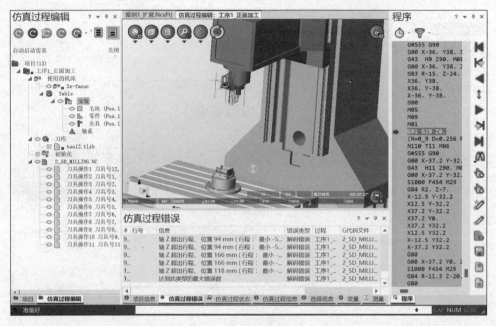

图　3-58

16）在"仿真过程编辑"设置树：①右击"初始化"→②单击"编辑初始化"，如图 3-59
所示，弹出"初始化"对话框。

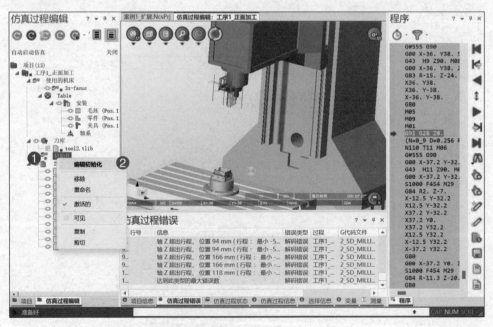

图　3-59

17）在"初始化"对话框：①勾选"改变原点的定义"→②单击"G54"后面的"自动引用"相应位置→③单击"Table：安装：轴系"→④单击"OK"，如图 3-60 所示。

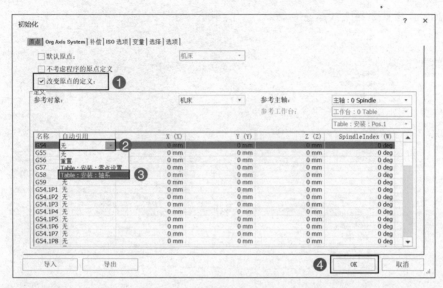

图　3-60

18）效果图如图 3-61 所示。

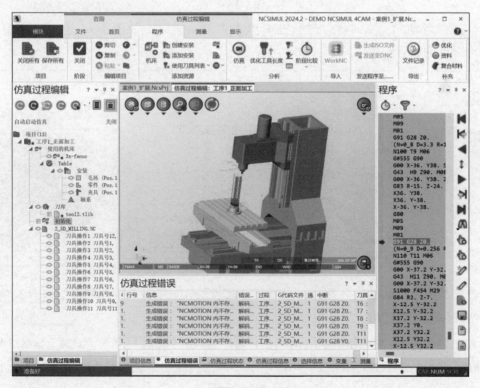

图　3-61

19）在"仿真过程编辑"设置树：①右击"3x-fanuc"→②单击"编辑机床"，如图3-62所示，弹出"运动学／控制器"对话框。

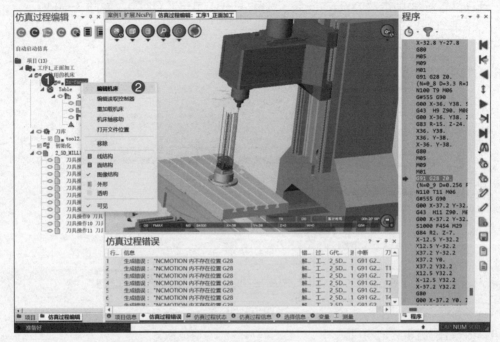

图　3-62

20）在"运动学／控制器"对话框中单击"运动学"，如图3-63所示，弹出"机床运动结构"界面。

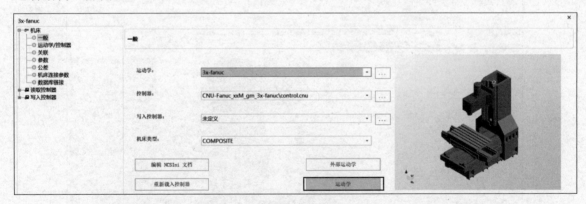

图　3-63

21）在"机床运动结构"界面：①单击"机床"→②单击"特殊位置"如图3-64所示，弹出"特殊位置"对话框。

22）在"特殊位置"对话框：①单击"💿"新建→②填写名称"G28"，X"400"，Y"-300"→③单击"OK"，如图3-65所示，弹出机床运动结构界面。

23）在机床运动结构界面：①单击"💾"保存→②单击"❌"，如图3-66所示，弹出"运动学／控制器"对话框。

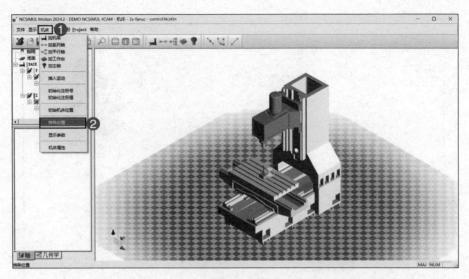

图 3-64

图 3-65

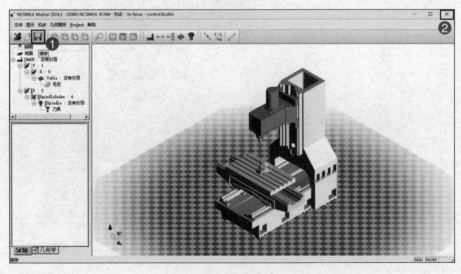

图 3-66

24）在"运动学 / 控制器"对话框：①单击"保存"→②单击"OK"，如图 3-67 所示，返回仿真界面。

25）在仿真界面可以看到：①仿真过程已经没有提示报错→②单击"保存所有"，如图 3-68 所示。

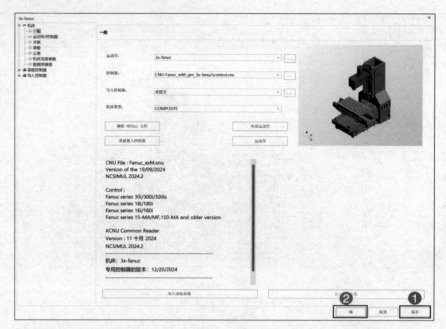

图　3-67

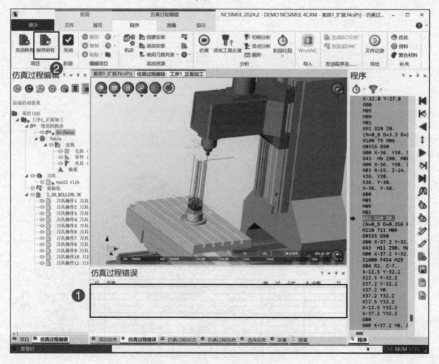

图　3-68

3.5　注意事项

在测试别的程序时可能出现代码仿真结果 X、Y 方向相反，只需将"运动结构"里的 X 组件、Y 组件的方向定义改变成相反的即可。

第 4 章　四轴立式机床搭建

4.1　四轴立式机床简介

四轴立式机床如图 4-1 所示。机床运动轴如图 4-2 所示。

① Z 轴：传递主要切削力的主轴。

② A 轴：绕 X 轴旋转的轴。

③ X 轴：X 轴始终水平，且平行于工件装夹面。

④ Y 轴：Y 轴按右手笛卡儿直坐标系确定。

图　4-1

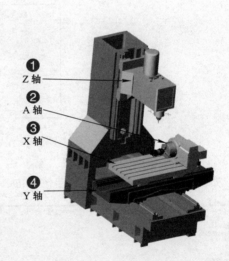

图　4-2

4.2　机床搭建

4.2.1　新建机床

1）①单击"机床"→②在弹出的"机床的浏览器"对话框中单击"创建机床"，如图 4-3 所示。建议进入管理员状态，管理员密码默认为 admin。

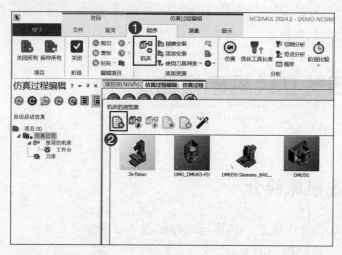

图 4-3

2）根据界面提示，输入机床名称和客户代码，"机床名称"为"4A-Siemens"，客户代码通常为 6 位的数字，如图 4-4 所示。

图 4-4

3）①单击"运动学"后面的" … "，弹出"添加新的运动学"对话框→②单击"下一个"，如图 4-5 所示，进入运动结构界面。

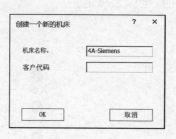

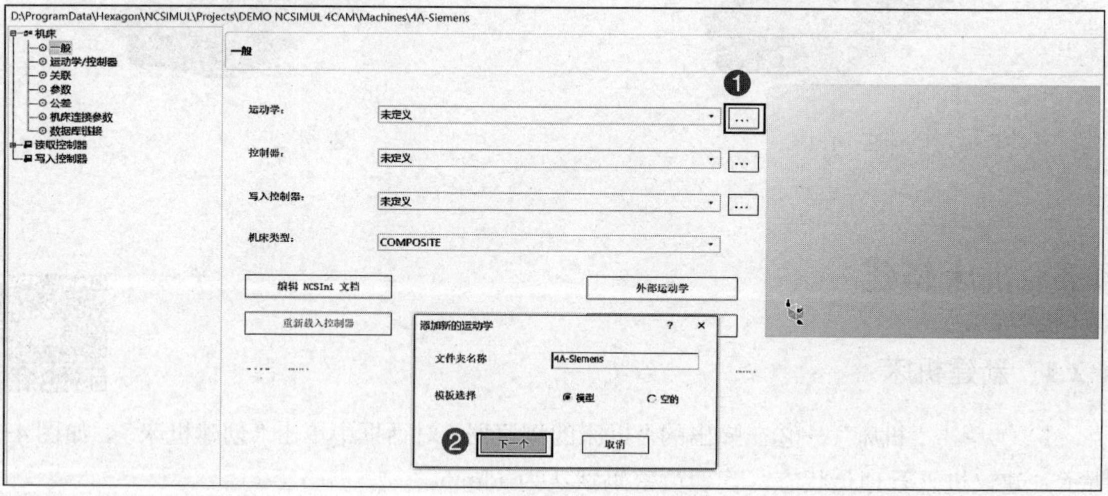

图 4-5

4.2.2　建立机床结构

在图 4-6 所示界面可以完成建立运动结构。建立完成后可在标题栏中看到名称 control.NcsKin。

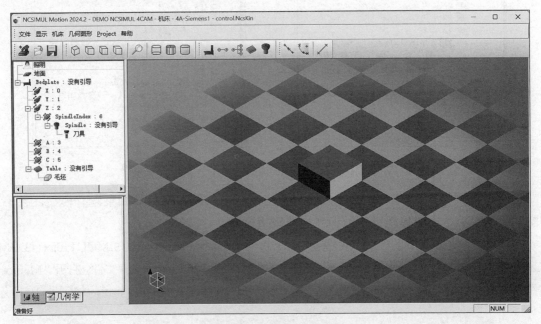

图　4-6

图 4-7 为 X、Y、Z、A 结构的机床，其建立机床结构的具体步骤如下。

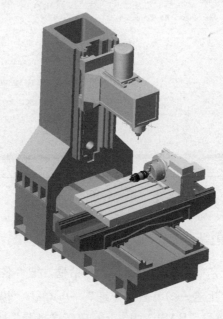

图　4-7

1）把多出来的两个旋转轴删除，并调节各个轴的逻辑关系（选中直接拖拽即可），如

图 4-8 所示。调整后的逻辑关系，如图 4-9 所示。

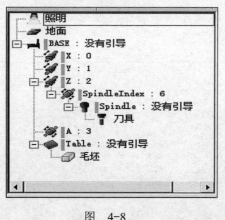
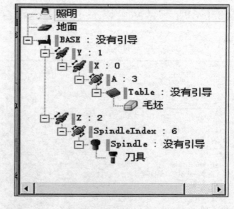

图 4-8   图 4-9

这时可以根据实际情况设置每个轴的属性，也可以添加模型。如果没有模型，并不影响实际运动，只是不能体现机床结构之间的碰撞检测。

2）单击快捷菜单中的 "■"，就会在 D:\ProgramData\Hexagon\NCSIMUL\Projects\DEMO NCSIMUL 4CAM\Machines\4A-Siemens \Memory 文件夹下生成 control.scn 文件，打开 "Memory" 文件夹，将第 4 章的模型复制到这个文件夹下，防止路径迁移文件读不到，如图 4-10 所示。

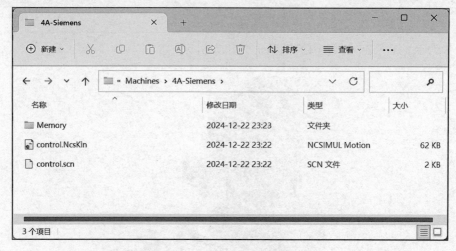

图 4-10

4.2.3 给床身组件添加模型

1）双击 "Bedplate"，进入 "机床轴的编辑" 对话框，把 "名称" 改为 "BASE"。①单击 "3D 对象" →②单击 "⊕" 新建→③单击 "详细" →④单击 "模型" →⑤单击 "⋯" 选择→⑥选择 "Memory" 目录→⑦选择 "BASE1.stl" →⑧单击 "打开" →⑨单击 "应用"，如图 4-11 所示。

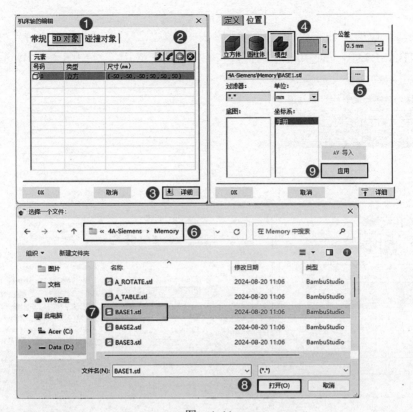

图 4-11

2）①单击""新建→②单击"模型"→③单击"⋯"选择→④选择"Memory"目录→⑤选择"BASE2.stl"→⑥单击"打开"→⑦单击"应用"，如图 4-12 所示。

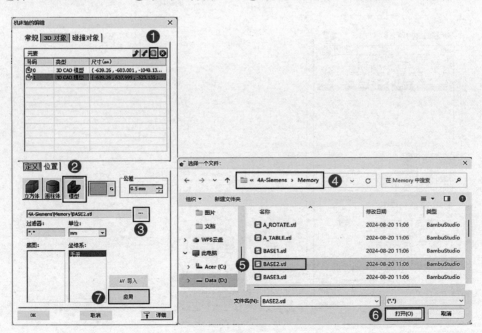

图 4-12

3）①单击"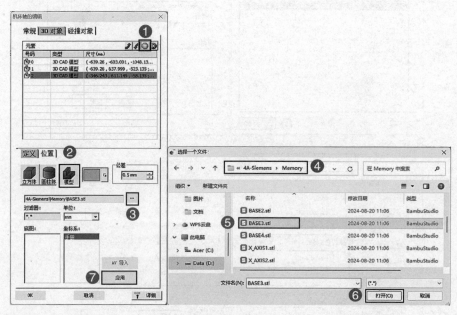"新建→②单击"模型"→③单击"⊡"选择→④选择"Memory"目录→⑤选择"BASE3.stl"→⑥单击"打开"→⑦单击"应用"，如图 4-13 所示。

图　4-13

4）①单击"⊙"新建→②单击"模型"→③单击"⊡"选择→④选择"Memory"目录→⑤选择"BASE4.stl"→⑥单击"打开"→⑦单击"应用"→⑧单击"OK"，如图 4-14 所示。至此床身 BASE 的全部模型就输入完毕。

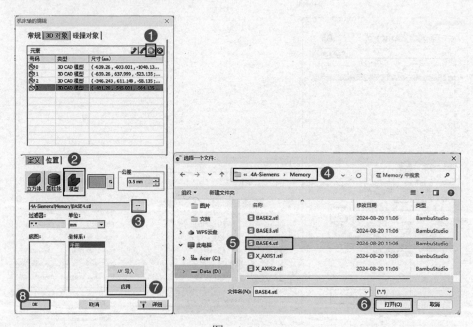

图　4-14

5）添加 BASE 模型后的效果如图 4-15 所示。

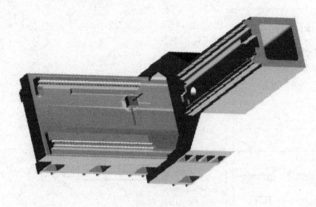

图　4-15

4.2.4　给 Y 轴组件添加模型

1）双击"Y"，进入"机床轴的编辑"对话框：①单击"3D 对象"→②单击"⊕"新建→③单击"详细"→④单击"模型"→⑤单击"⋯"选择→⑥选择"Memory"目录→⑦选择"Y_AXIS1.stl"→⑧单击"打开"→⑨单击"应用"，如图 4-16 所示。

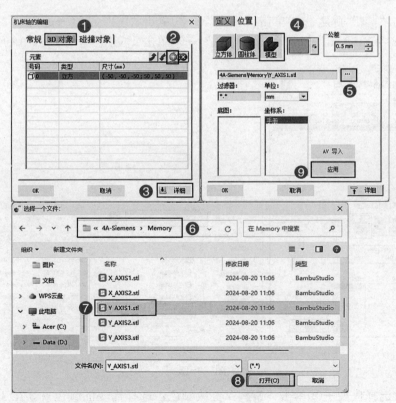

图　4-16

2）①单击"▣"新建→②单击"模型"→③单击"⋯"选择→④选择"Memory"目录→⑤选择"Y_AXIS2.stl"→⑥单击"打开"→⑦单击"应用"，如图 4-17 所示。

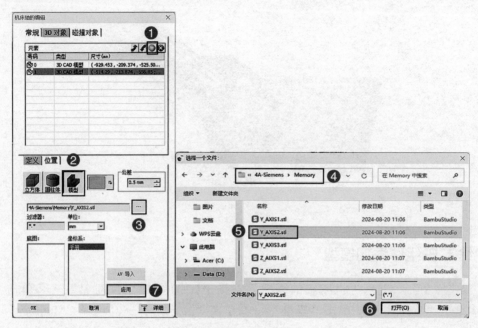

图　4-17

3）①单击"▣"新建→②单击"模型"→③单击"⋯"选择→④选择"Memory"目录→⑤选择"Y_AXIS3.stl"→⑥单击"打开"→⑦单击"应用"，如图 4-18 所示。

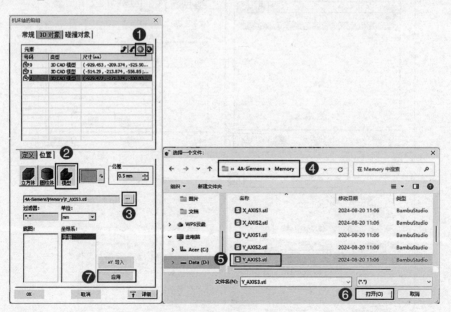

图　4-18

4）①依次选择模型→②单击"▮▮"更改颜色，选择需要的颜色→③在 3D 界面中，Y轴模型更改颜色完成→④单击"OK"，如图 4-19 所示。

图　4-19

4.2.5　给 X 轴组件添加模型

1）双击"X"，进入"机床轴的编辑"对话框：①单击"3D 对象"→②单击"▣"新建→③单击"详细"→④单击"模型"→⑤单击"▣"选择→⑥选择"Memory"目录→⑦选择"X_AXIS1.stl"→⑧单击"打开"→⑨单击"应用"，如图 4-20 所示。

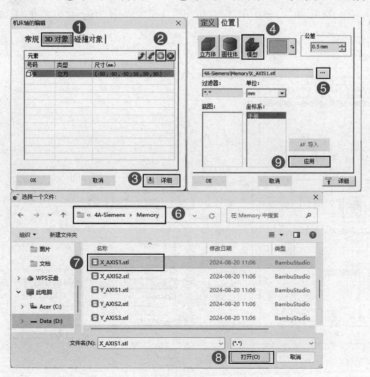

图　4-20

2）①单击"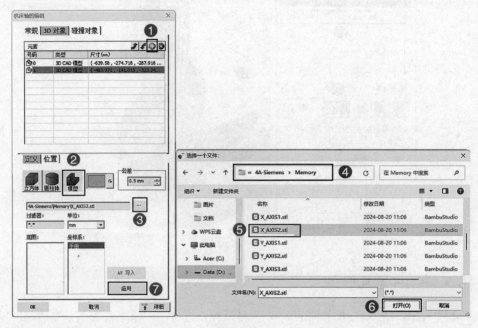"新建→②单击"模型"→③单击""选择→④选择"Memory"目录→⑤选择"X_AXIS2.stl"→⑥单击"打开"→⑦单击"应用"，如图 4-21 所示。

图 4-21

3）①单击"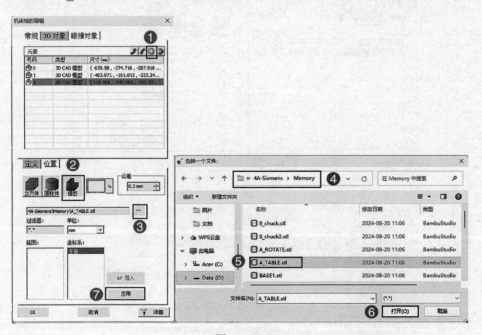"新建→②单击"模型"→③单击""选择→④选择"Memory"目录→⑤选择"A_TABLE.stl"→⑥单击"打开"→⑦单击"应用"，如图 4-22 所示。

图 4-22

4）①依次选择模型→②单击""更改颜色，选择需要的颜色→③在 3D 界面中，X

轴模型更改颜色完成→④单击"OK"，如图 4-23 所示。

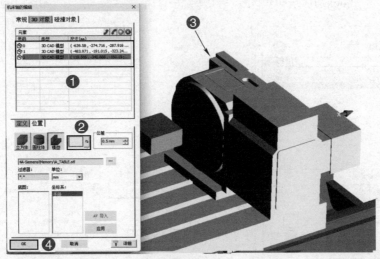

图　4-23

4.2.6　给 A 轴组件添加模型

1）双击"A"，进入"机床轴的编辑"对话框：①单击"3D 对象"→②单击"🔘"新建→③单击"详细"→④单击"模型"→⑤单击"⋯"选择→⑥选择"Memory"目录→⑦选择"A_ROTATE.stl"→⑧单击"打开"→⑨单击"应用"，如图 4-24 所示。

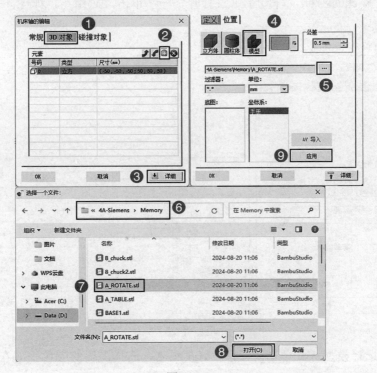

图　4-24

2）①单击""新建→②单击"模型"→③单击""选择→④选择"Memory"目录→⑤选择"8_chuck.stl"→⑥单击"打开"→⑦单击"应用"，如图 4-25 所示。

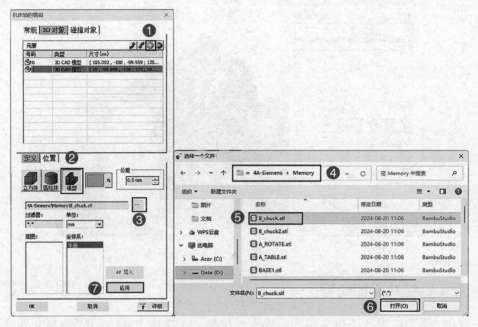

图 4-25

3）①单击""新建→②单击"模型"→③单击""选择→④选择"Memory"目录→⑤选择"8_chuck2.stl"→⑥单击"打开"→⑦单击"应用"，如图 4-26 所示。

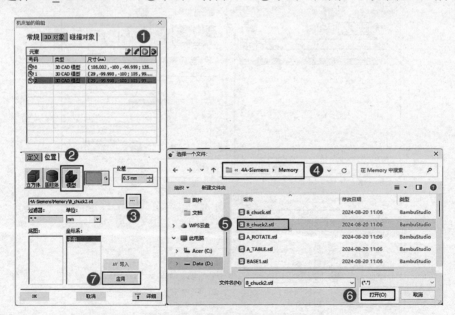

图 4-26

4）①依次选择模型→②单击""更改颜色，选择需要的颜色→③在 3D 界面中，A轴模型更改颜色完成→④单击"OK"，如图 4-27 所示。

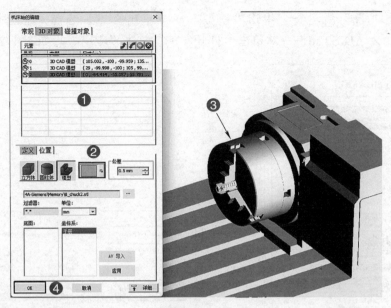

图　4-27

4.2.7　给 Z 轴组件添加模型

1）双击"Z"，进入"机床轴的编辑"对话框：①单击"3D 对象"→②单击"＋"新建→③单击"详细"→④单击"模型"→⑤单击"⋯"选择→⑥选择"Memory"目录→⑦选择"Z_AIXS1.stl"→⑧单击"打开"→⑨单击"应用"，如图 4-28 所示。

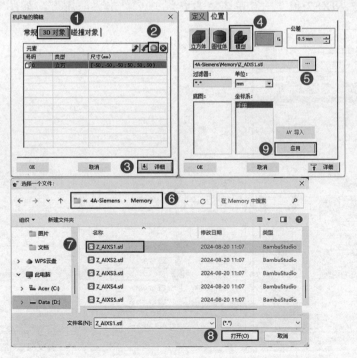

图　4-28

2）①单击"🔵"新建→②单击"模型"→③单击"▦"选择→④选择"Memory"目录→⑤选择"Z_AIXS2.stl"→⑥单击"打开"→⑦单击"应用"，如图 4-29 所示。

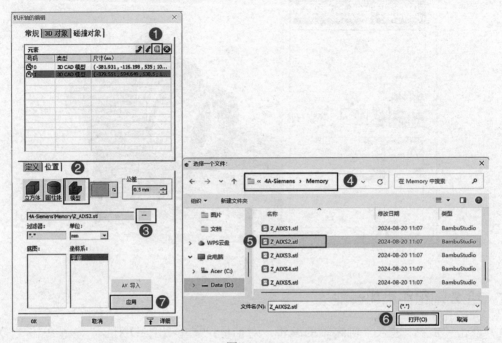

图　4-29

3）①单击"🔵"新建→②单击"模型"→③单击"▦"选择→④选择"Memory"目录→⑤选择"Z_AIXS3.stl"→⑥单击"打开"→⑦单击"应用"，如图 4-30 所示。

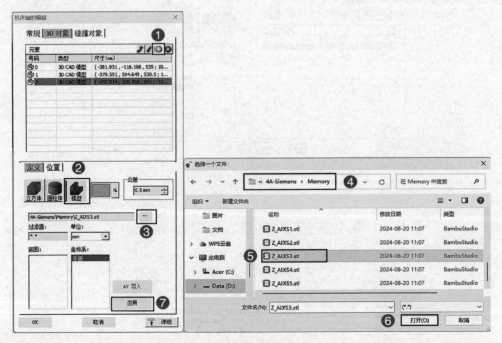

图　4-30

4）①单击"⊕"新建→②单击"模型"→③单击"⋯"选择→④选择"Memory"目录→⑤选择"Z_AIXS4.stl"→⑥单击"打开"→⑦单击"应用"，如图4-31所示。

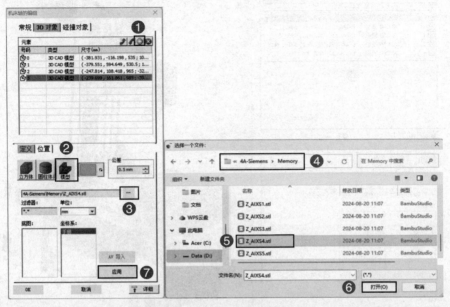

图　4-31

5）①单击"⊕"新建→②单击"模型"→③单击"⋯"选择→④选择"Memory"目录→⑤选择"Z_AIXS5.stl"→⑥单击"打开"→⑦单击"应用"，如图4-32所示。

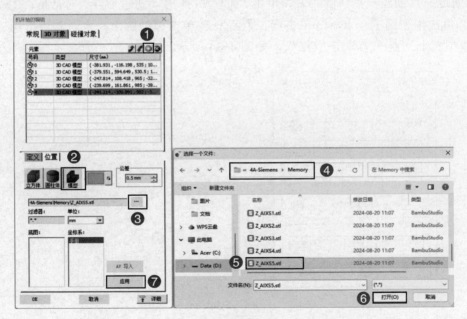

图　4-32

6）①依次选择模型→②单击"▢"更改颜色，选择需要的颜色→③在3D界面中，Z轴模型更改颜色完成→④单击"OK"，如图4-33所示。

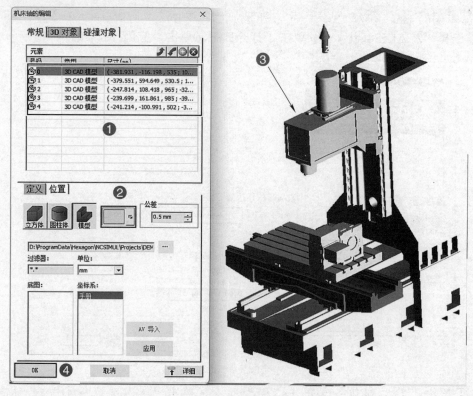

图 4-33

7）通过三点创建一点（圆心），单击"⬚"，弹出"创建一点"对话框：①单击第一
点⬚→②单击模型圆上一点→③单击第二点⬚→④单击模型圆上一点→⑤单击第三点⬚→
⑥单击模型圆上一点→⑦单击"OK"，如图 4-34 所示。

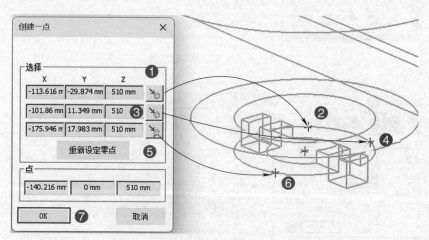

图 4-34

8）双击"SpindleIndex"，进入"机床轴的编辑"对话框：①单击"详细"→②单击"顶
点"→③在顶点坐标右击→④"位置"下的 X、Y、Z 会自动填写顶点坐标→⑤在 3D 界面
中，会有箭头来指明当前轴的旋转正方向→⑥单击"OK"，如图 4-35 所示。

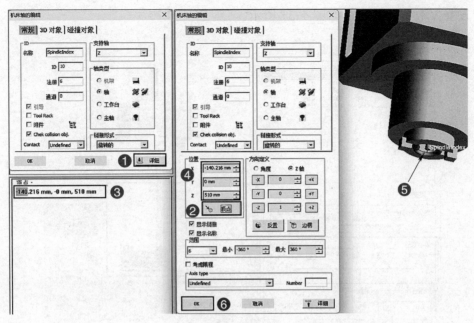

图　4-35

9）双击"Spindle"，进入"机床轴的编辑"对话框：①单击"详细"→②单击"顶点"→③在顶点坐标右击→④"位置"下的 X、Y、Z 会自动填写顶点坐标→⑤在 3D 界面中，会显示当前主轴端点→⑥单击"OK"，如图 4-36 所示。

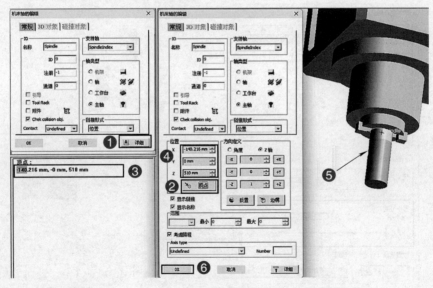

图　4-36

4.2.8　初始机床位置设置

1）单击菜单中的"机床"→"初始机床位置"进入编辑界面。

2）根据实际机床信息可知，机床 Y 轴行程为 –300 ～ 300mm，直接在行程中输入最大值 300mm、最小值 –300mm。

a）设置 Y 轴行程最大，如图 4-37 所示。

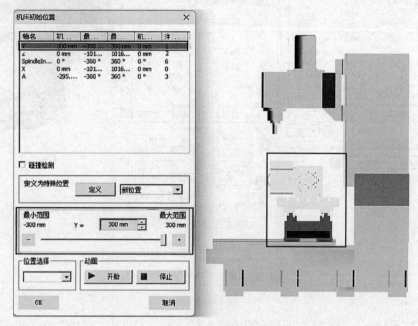

图　4-37

b）设置 Y 轴行程最小，如图 4-38 所示。

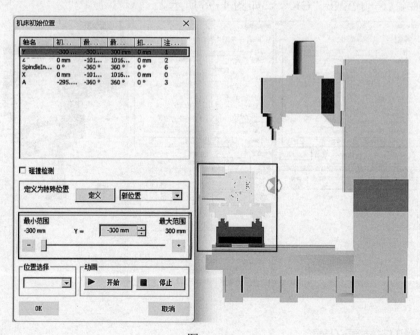

图　4-38

3）根据实际机床信息可知，机床 Z 轴行程为 -550 ～ 0mm，直接在行程中输入最大值 0、最小值 -550mm。

a）设置 Z 轴行程最大，如图 4-39 所示。

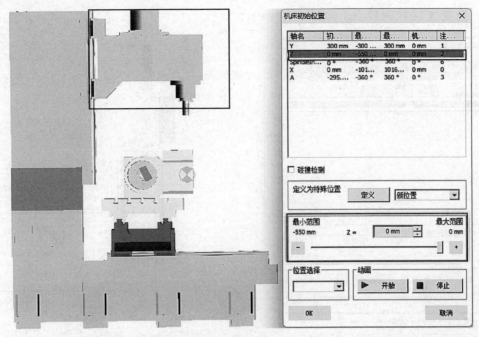

图　4-39

b）设置 Z 轴行程最小，如图 4-40 所示。

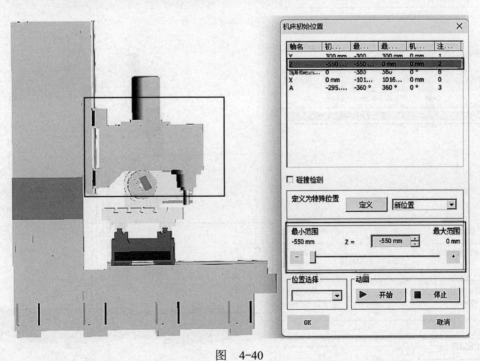

图　4-40

4）根据实际机床信息可知，机床 X 轴行程为 -400 ～ 400mm，直接在行程中输入最大值 400mm、最小值 -400mm。

a）设置 X 轴行程最大，如图 4-41 所示。

b）设置 X 轴行程最小，如图 4-42 所示。

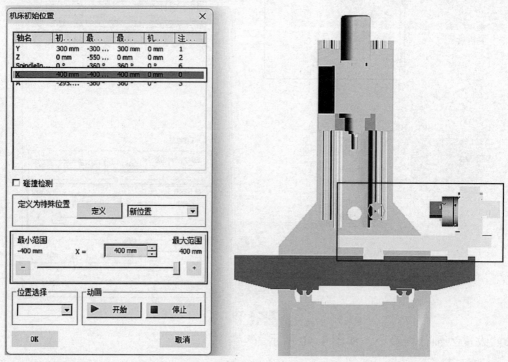

图　4-41

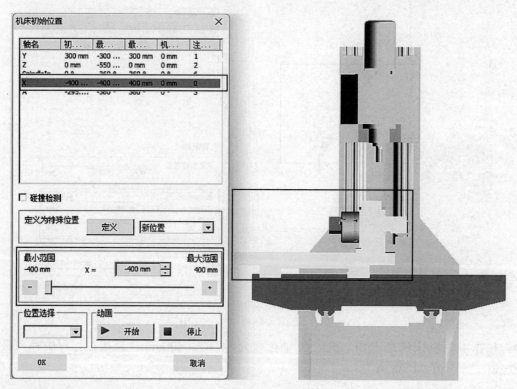

图　4-42

5）根据实际机床信息可知，机床 A 轴行程为 −360°～360°，行程无限制。

4.2.9　机床属性设置

1）单击"机床"下拉菜单中的"机床属性"，进入"机床属性"对话框。

2）单击"碰撞"选项，在左侧栏中选择元素后，在右侧栏中选择可能与之发生碰撞的元素，如图 4-43 所示：①"毛坯"发现和"Z"轴碰撞→②"工件"发现和"Z"轴碰撞→③"刀具"发现和"A"轴碰撞→④"Z 轴"发现和"A"轴碰撞，单击"OK"。

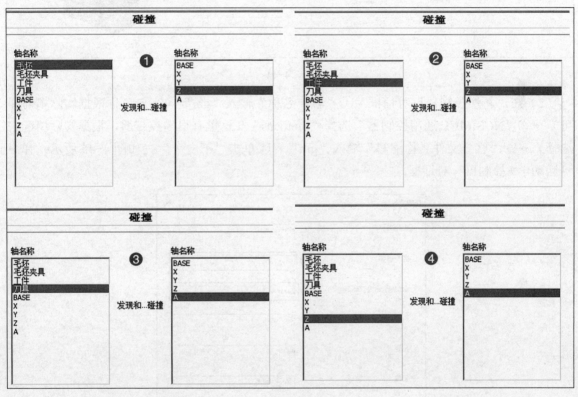

图　4-43

3）单击"💾"保存后退出即可。

4.3　配置控制系统

构建完机床结构后，可以在控制器选项中选择已有的控制器，或者在配置控制器中配置一个新的控制器。

前面设置的参数可在"机床"配置界面进行修改。

4.3.1 一般

1）在"一般"界面单击"控制器"后面的三个点"⬚"，如图 4-44 所示，进入"新增控制器"对话框。

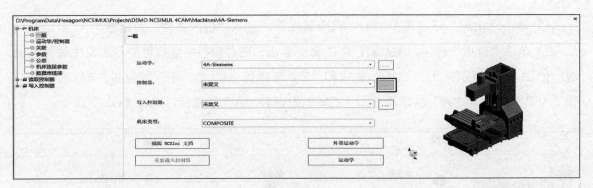

图　4-44

2）在"新增控制器"对话框：①"客户名称"输入"gm"（客户名称根据实际填写即可）→②"NCSIMUL 通用控制器"选择"Siemens"（这里有很多控制器，根据实际情况来选择）→③"客户文件名称缩写"输入"gm"→④单击"下一个"，如图 4-45 所示，弹出"运动学 / 控制器"对话框。

新增控制器	?　✕
机床名称	4A-Siemens
客户名称	❶ gm
NCSIMUL通用控制器	❷ Siemens ▾
机器控制器名称	Siemens
创建者	bjhan
机器文件名称缩写	4A-Siemens
客户文件名称缩写	❸ gm
❹ 下一个	取消

图　4-45

4.3.2 运动学 / 控制器

在"运动学 / 控制器"对话框：①"运动的轴"选"A（3）"、"控制器的轴"选"<undef>"→②"控制器的轴"选"A（4）"→③将"状态"选"隐藏"→④"状态"选"显示"→⑤"运动的轴"选"SpindleIndex（6）"、"控制器的轴"选"<undef>"→⑥"控制器的轴"选"SpindleIndex（10）"→⑦单击"下一个"（图4-46），弹出"参数"对话框，单击"OK"。

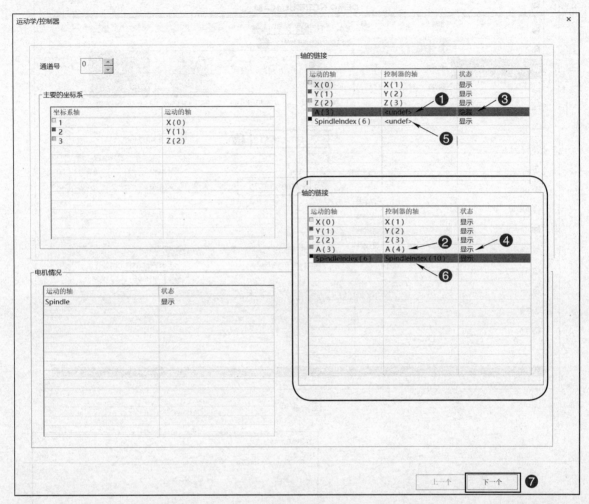

图　4-46

4.4　测试机床

1）在"管理项目"选项的"最近的"：①单击"导入项目"→②选择"源文件\第四章"目录→③选择"西门子仿真模板"→④单击"打开"，如图4-47所示，弹出"项目名称"对话框。

2）在"项目名称"对话框里为新项目选择一个名称（用默认的或自己起一个）：①输入"第四章"→②单击"OK"，如图4-48所示，弹出"NCSIMUL项目导入"对话框。

3）在"NCSIMUL项目导入"对话框中直接单击"OK"，如图4-49所示。

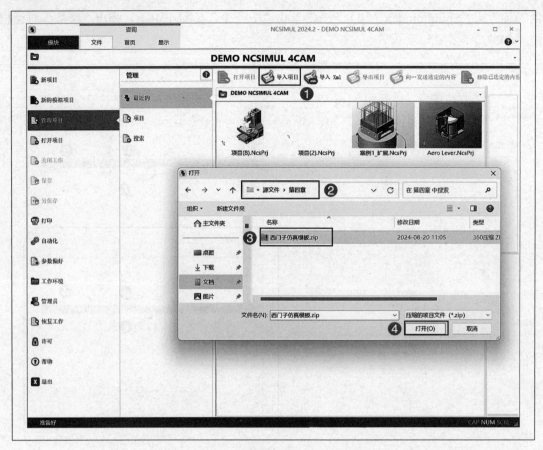

图　4-47

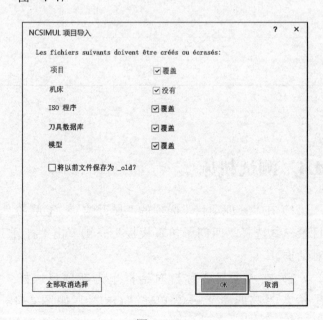

图　4-48　　　　　　　　　　　　　　　图　4-49

4）在"导入报告"对话框中单击"OK"，如图 4-50 所示。

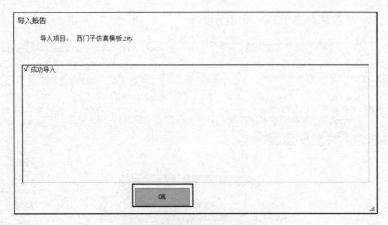

图 4-50

5）在"NCSIMUL"对话框中单击"是（Y）"，如图4-51所示。

图 4-51

6）单击"编辑过程"，如图4-52所示。

图 4-52

7）仿真过程编辑效果图如图4-53所示。

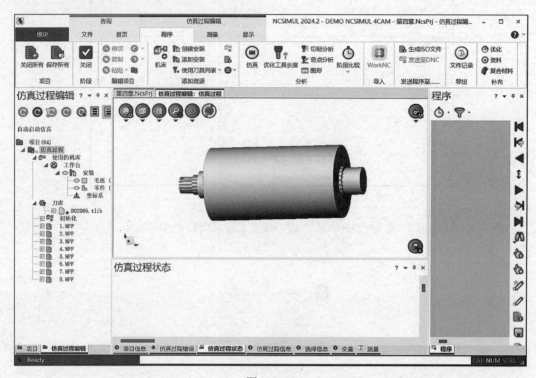

图 4-53

8）单击"仿真过程编辑"→"程序"→"机床"，如图4-54所示。

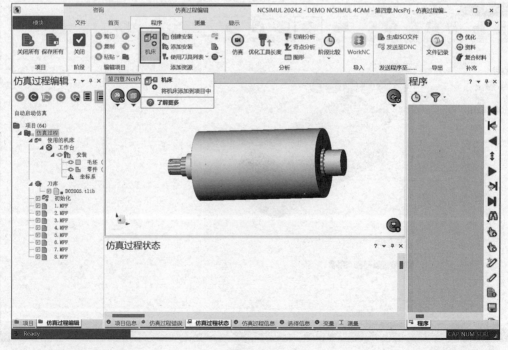

图 4-54

9）在"机床的浏览器"对话框：①选择"4A-Siemens"→②单击"OK"，如图4-55所示。

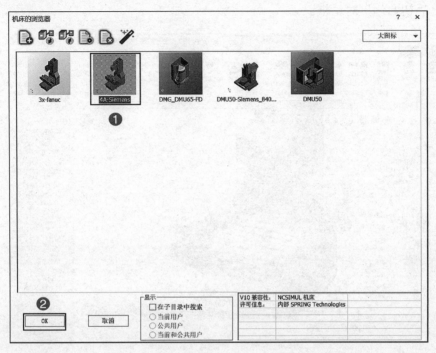

图 4-55

10）效果图如图4-56所示。

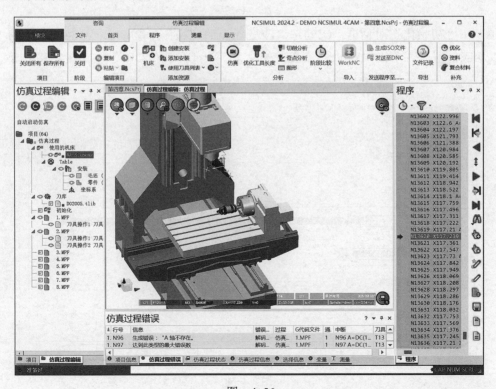

图 4-56

11）在"仿真过程编辑"设置树：①右击"初始化"→②单击"编辑初始化"，如图 4-57 所示，弹出"初始化"对话框。

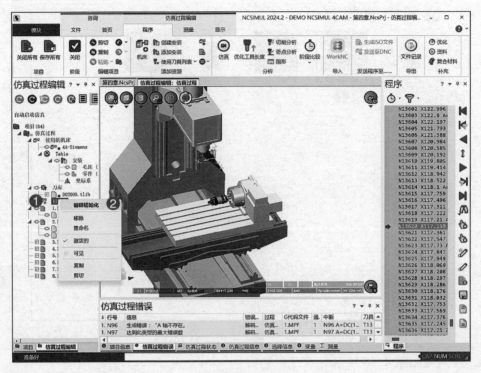

图 4-57

12）在"初始化"对话框：①勾选"改变原点的定义"→②单击"G54"后面的"自动引用"相应位置→③单击"Table：安装：坐标系"→④单击"OK"，如图 4-58 所示。

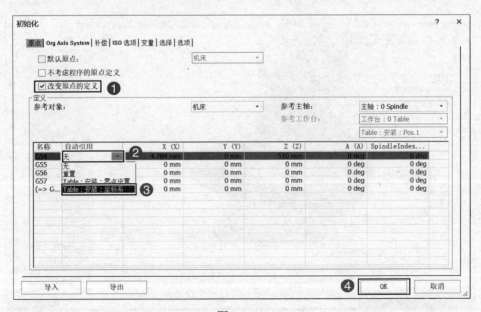

图 4-58

13）效果图如图 4-59 所示。

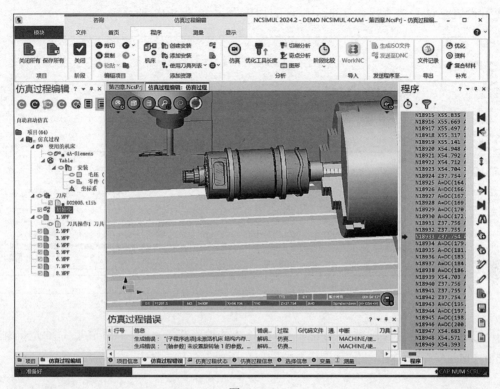

图　4-59

14）在"仿真过程编辑"设置树：①右击"4A-Siemens"→②单击"编辑机床"，如图 4-60
所示，弹出"运动学/控制器"对话框。

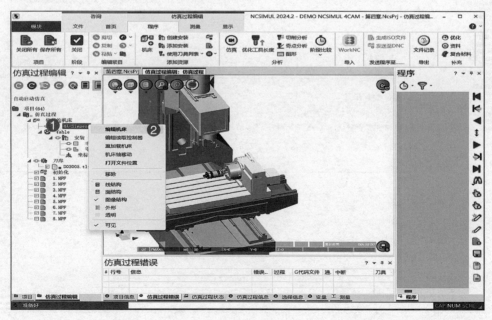

图　4-60

15）在"运动学 / 控制器"对话框中单击"子程序选项"：①勾选"结构内存存档"→②"变量设置测试"选"仅限 Tapes 包含的程序"，如图 4-61 所示。

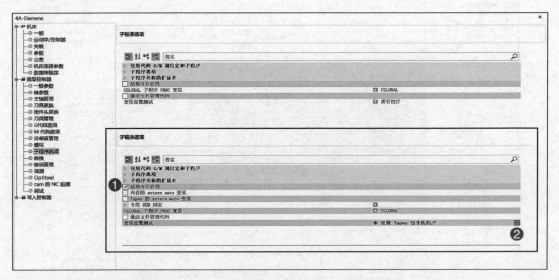

图　4-61

16）在"运动学 / 控制器"对话框中单击"主轴管理"：①"通道 1 主轴定向轴"选"SpindleIndex"→②单击"保存"，如图 4-62 所示。

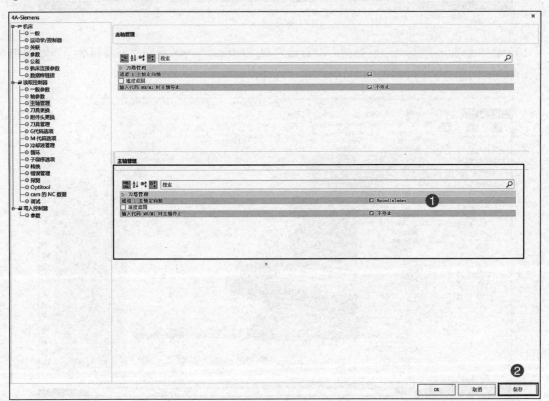

图　4-62

17）在"运动学 / 控制器"对话框中单击"轴参数"：①"旋转轴 1"选"A"→②单击"旋转轴 1 的属性（通道 1）"左边的小三角→③"轴运行规律"选"最短"→④"旋转轴方向旋转 180°"选"正"→⑤旋转轴 2 选"None"→⑥单击"保存"，如图 4-63 所示。

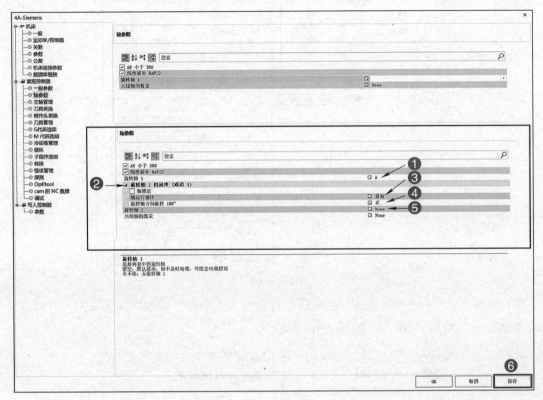

图　4-63

18）在"运动学 / 控制器"对话框：①单击"一般"→②单击"运动学"，如图 4-64 所示，弹出"机床运动结构"。

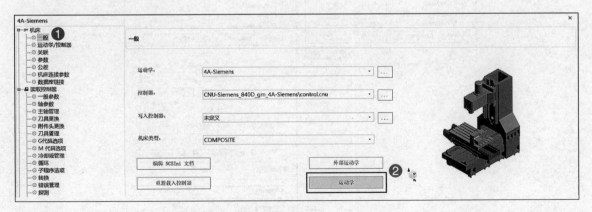

图　4-64

19）双击"Y"，进入"机床轴的编辑"对话框：①单击"详细"→②单击"方向定义"下的"-Y"→③单击"OK"，如图 4-65 所示。

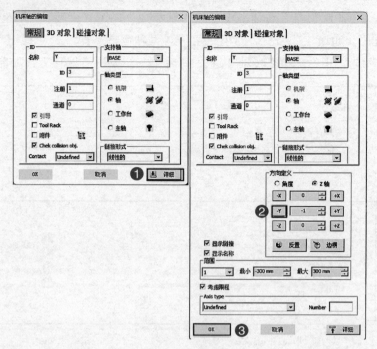

图　4-65

20）双击"X"，进入"机床轴的编辑"对话框：①单击"详细"→②单击"方向定义"下的"-X"→③单击"OK"，如图4-66所示。

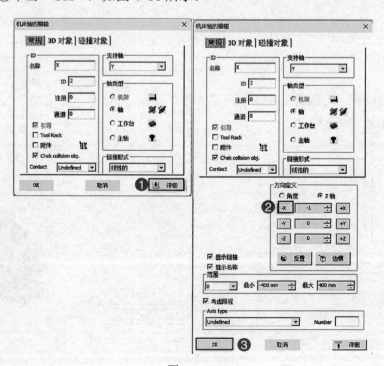

图　4-66

21）单击"🗎"保存后退出。

22）在"运动学/控制器"对话框：①单击"保存"→②单击"OK"，如图4-67所示。

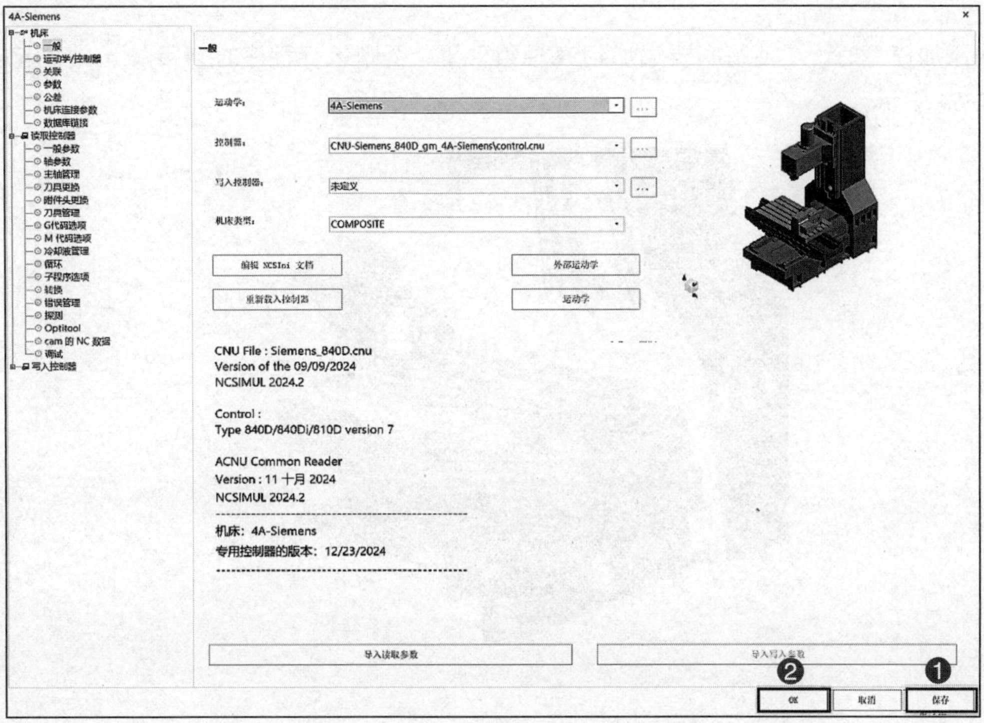

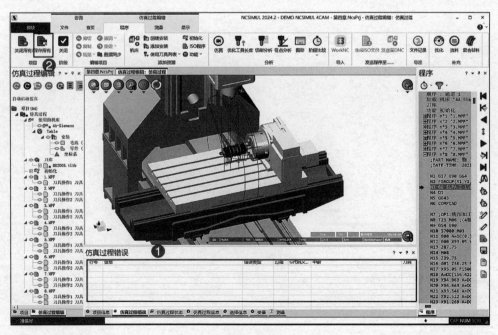

图 4-67

23）在仿真界面可以看到：①仿真过程已经没有提示报错→②单击"保存所有"，如图4-68所示。

图 4-68

4.5 注意事项

在添加模型时，A 轴基座要添加到 X 轴组件里，否则运行程序时会跟着 A 轴一起旋转，如图 4-69 所示。

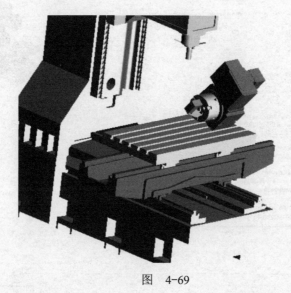

图　4-69

第5章 五轴 AC 摇篮机床搭建

5.1 五轴 AC 摇篮机床简介

DMU 65 monoBLOCK 五轴 AC 摇篮机床，如图 5-1 所示。机床运动轴如图 5-2 所示。

① Y 轴：Y 轴按右手笛卡儿直角坐标系确定。

② X 轴：X 轴始终水平，且平行于工件装夹面。

③ Z 轴：传递主要切削力的主轴。

④ A 轴：绕 X 轴旋转的轴。

⑤ C 轴：绕 Z 轴旋转的轴。

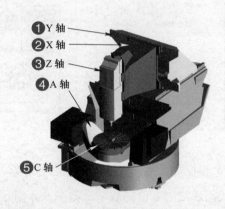

❶ Y 轴
❷ X 轴
❸ Z 轴
❹ A 轴
❺ C 轴

图 5-1   图 5-2

数控系统采用 SINUMERIK 840D 的机床的主要技术参数见表 5-1。

表 5-1 数控系统采用 SINUMERIK 840D 的机床的主要技术参数

技术参数	数值
工作台尺寸	ϕ650 mm
X 轴行程	735mm
Y 轴行程	650 mm
Z 轴行程	560 mm
A 轴行程	$-10°\sim90°$
C 轴行程	$n×360°$
主轴转速	20000r/min

5.2 机床搭建

5.2.1 新建机床

1）①单击"机床"→②在弹出的"机床的浏览器"对话框中单击"创建机床"，如图 5-3 所示。建议进入管理员状态，管理员密码默认为 admin。

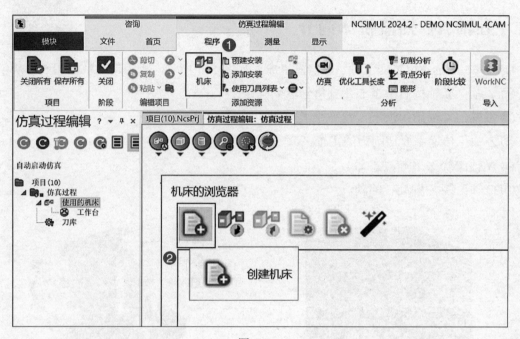

图 5-3

2）根据界面提示，输入机床名称和客户代码，"机床名称"为"DMU65-Siemens_840D"，客户代码通常为 6 位的数字，如图 5-4 所示。

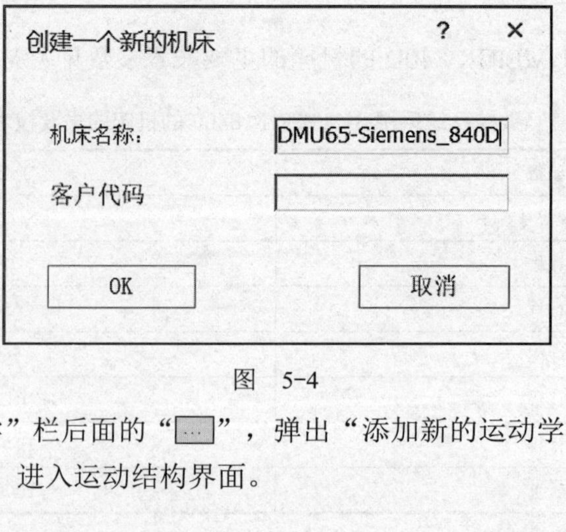

图 5-4

3）①单击"运动学"栏后面的"┈"，弹出"添加新的运动学"对话框→②单击"下一个"，如图 5-5 所示，进入运动结构界面。

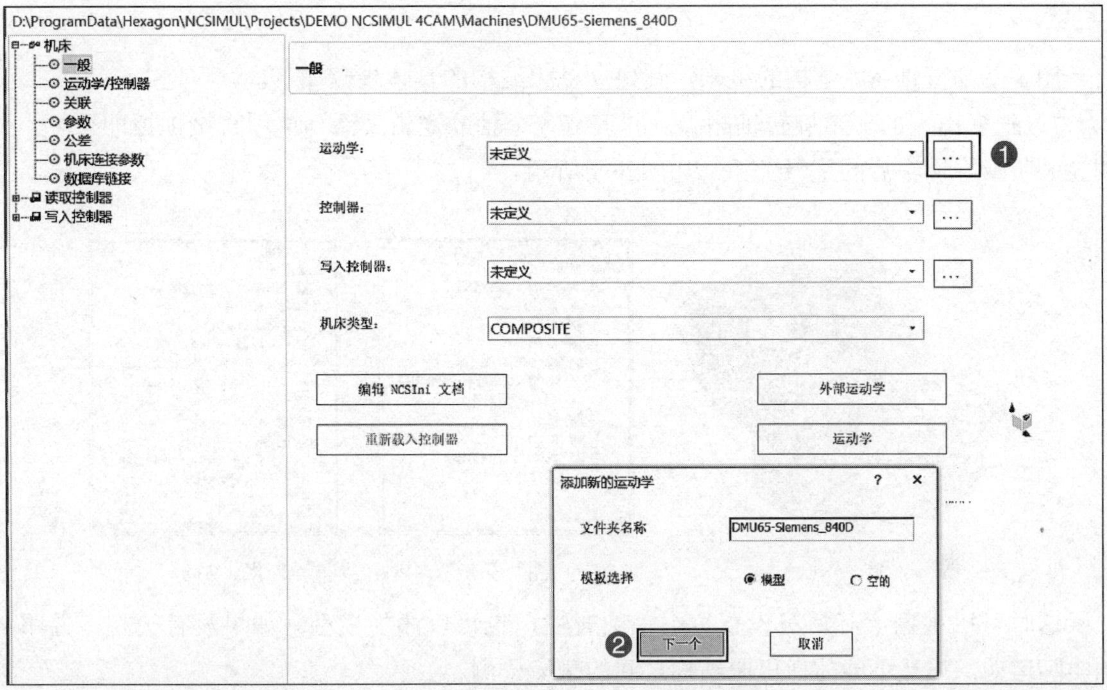

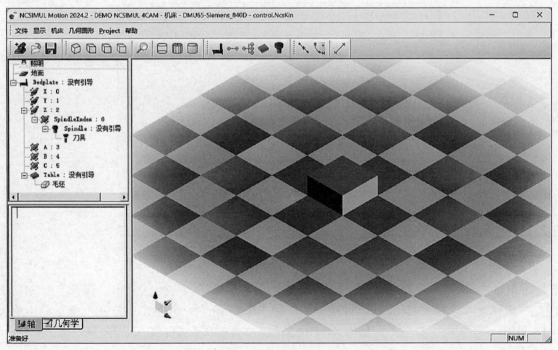

图　5-5

5.2.2　建立机床结构

在图 5-6 所示界面可以完成建立运动结构。建立完成后可在标题栏中看到名称 control. NcsKin。

图　5-6

图 5-7 为五轴 AC 结构的机床，其建立机床结构的具体步骤如下。

1）把多出来的一个旋转轴删除，并调节各个轴的逻辑关系（选中直接拖拽即可），如图 5-8 所示。调整后的逻辑关系，如图 5-9 所示。

图 5-7 图 5-8 图 5-9

这时可以根据实际情况设置每个轴的属性，也可以添加模型。如果没有模型，并不影响实际运动，只是不能体现机床结构之间的碰撞检测。

2）单击快捷菜单中的"🖫"，就会在 D:\ProgramData\Hexagon\NCSIMUL\Projects\DEMO NCSIMUL 4CAM\Machines\DMU65-Siemens_840D\Memory 文件夹下生成 control.scn 文件，打开"Memory"文件夹，将第 5 章的模型复制到这个文件夹下，防止路径迁移文件读不到，如图 5-10 所示。

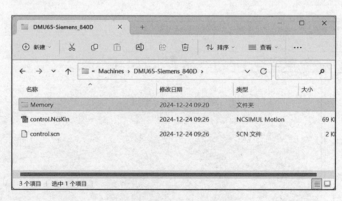

图 5-10

5.2.3 给床身组件添加模型

1）双击"Bedplate"，进入"机床轴的编辑"对话框，把"名称"改为"BASE"。然后①单击"3D 对象"→②单击"➕"新建→③单击"详细"→④单击"模型"→⑤单击"┈"选择→⑥选择"Memory"目录→⑦选择"Base.stp"→⑧单击"打开"→⑨单击选择"1"实体→⑩单击"应用"，如图 5-11 所示。

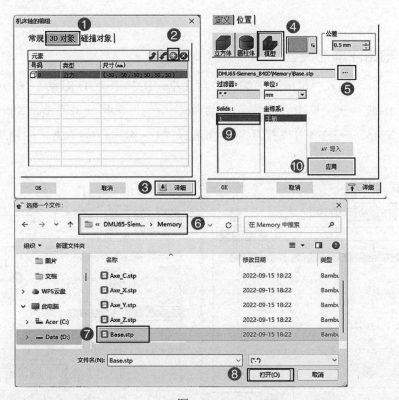

图　5-11

2）①单击"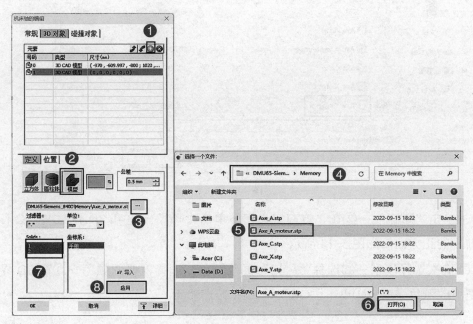"新建→②单击"模型"→③单击"⋯"选择→④选择"Memory"目录→⑤选择"Axe_A_moteur.stp"→⑥单击"打开"→⑦选择"1""2"实体→⑧单击"应用"，如图 5-12 所示。

图　5-12

5.2.4 给 Y 轴组件添加模型

1）双击"Y"，进入"机床轴的编辑"对话框：①单击"3D 对象"→②单击"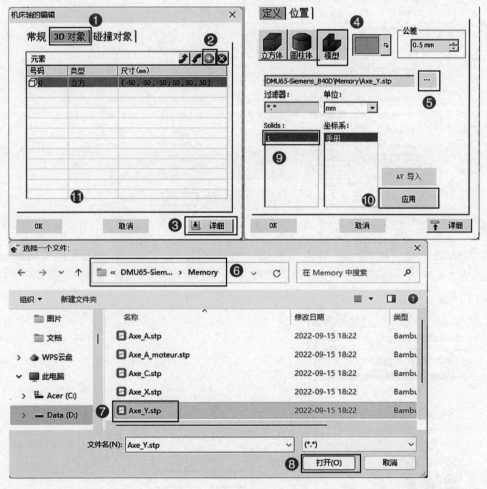"新建→③单击"详细"→④单击"模型"→⑤单击"⋯"选择→⑥选择"Memory"目录→⑦选择"Axe_Y.stp"→⑧单击"打开"→⑨选择"1"实体→⑩单击"应用"，如图 5-13 所示。

图 5-13

2）①单击"常规"→②在"方向定义"下单击"+Y"→③在 3D 界面中，会有箭头来指明当前轴的正方向，如图 5-14 所示。

3）①依次选择模型→②选择"▭"更改颜色，选择需要的颜色→③在 3D 界面中，Y 轴模型更改颜色完成→④单击"OK"，如图 5-15 所示。

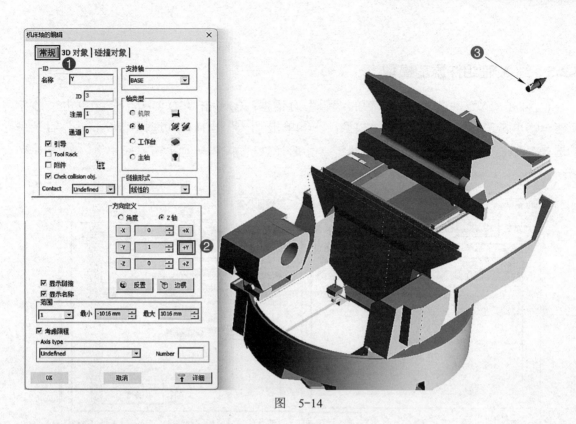

图　5-14

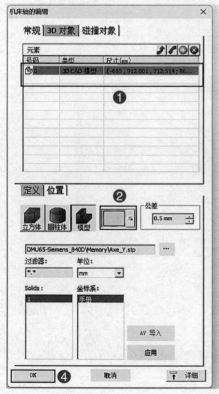

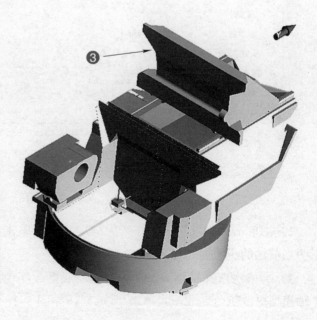

图　5-15

5.2.5 给 X 轴组件添加模型

1）双击"X"，进入"机床轴的编辑"对话框：①单击"3D 对象"→②单击"⊕"新建→③单击"详细"→④单击"模型"→⑤单击"⋯"选择→⑥选择"Memory"目录→⑦选择"Axe_X.stp"→⑧单击"打开"→⑨选择"1"实体→⑩单击"应用"，如图 5-16 所示。

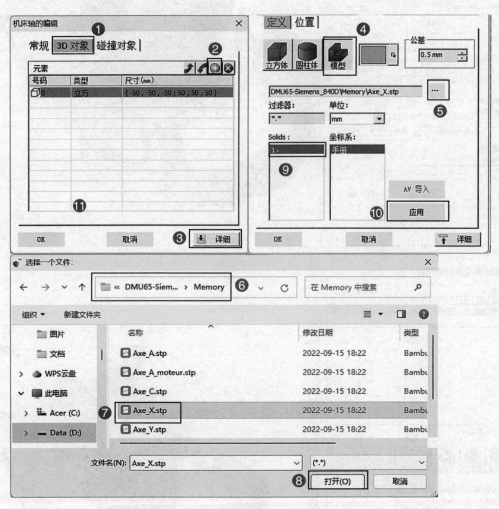

图 5-16

2）①单击"常规"→②在"方向定义"下单击"+X"→③在 3D 界面中，会有箭头来指明当前轴的正方向，如图 5-17 所示。

3）①依次选择模型→②单击"▓ "更改颜色，选择需要的颜色→③在 3D 界面中，X 轴模型更改颜色完成→④单击"OK"，如图 5-18 所示。

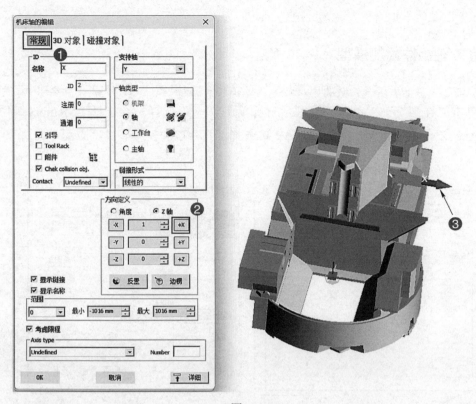

图　5-17

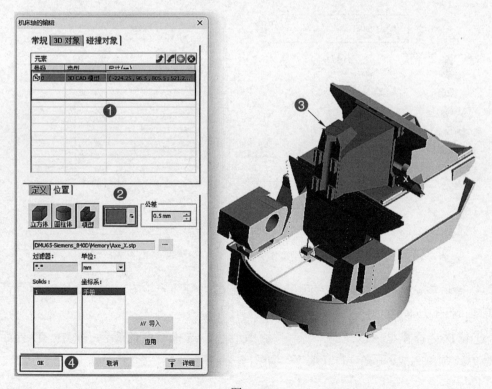

图　5-18

5.2.6 给 Z 轴组件添加模型

1）双击"Z"，进入"机床轴的编辑"对话框：①单击"3D 对象"→②单击"⊕"新建→③单击"详细"→④单击"模型"→⑤单击"⋯"选择→⑥选择"Memory"目录→⑦选择"Axe_Z.stp"→⑧单击"打开"→⑨选择"1"实体→⑩单击"应用"，如图 5-19 所示。

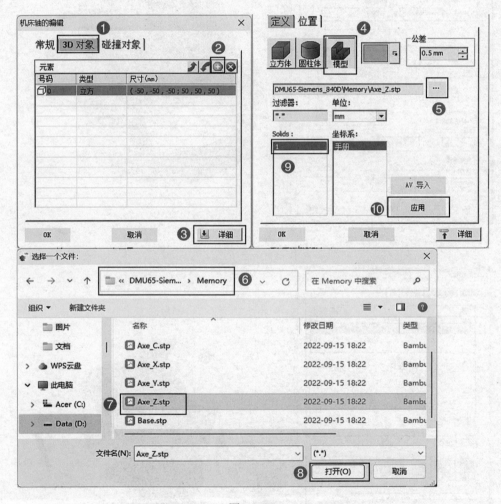

图 5-19

2）①单击"常规"→②在"方向定义"下单击"+Z"→③在 3D 界面中，会有箭头来指使当前轴的正方向，如图 5-20 所示。

3）①依次选择模型→②选择"▣"更改颜色，选择需要的颜色→③在 3D 界面中，Z 轴模型更改颜色完成→④单击"OK"，如图 5-21 所示。

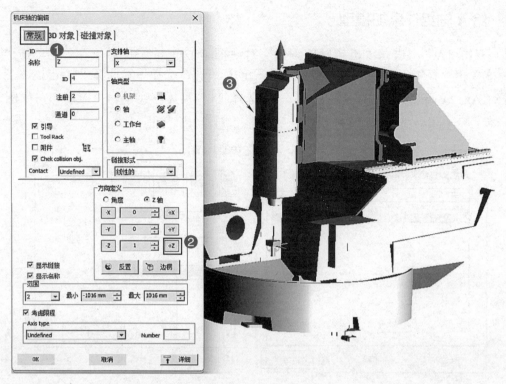

图　5-20

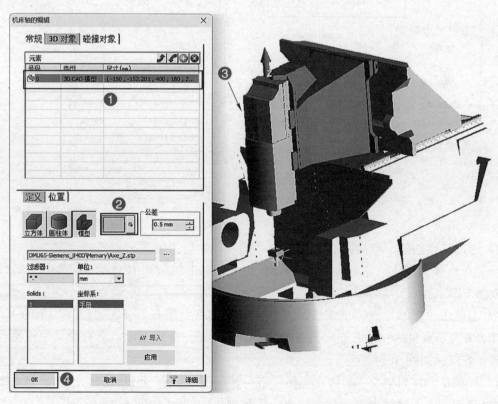

图　5-21

5.2.7 给 A 轴组件添加模型

1）双击"A"，进入"机床轴的编辑"对话框：①单击"3D 对象"→②单击"⊕"新建→③单击"详细"→④单击"模型"→⑤单击"⋯"选择→⑥选择"Memory"目录→⑦选择"Axe_A.stp"→⑧单击"打开"→⑨选择"1"实体→⑩单击"应用"，如图 5-22所示。

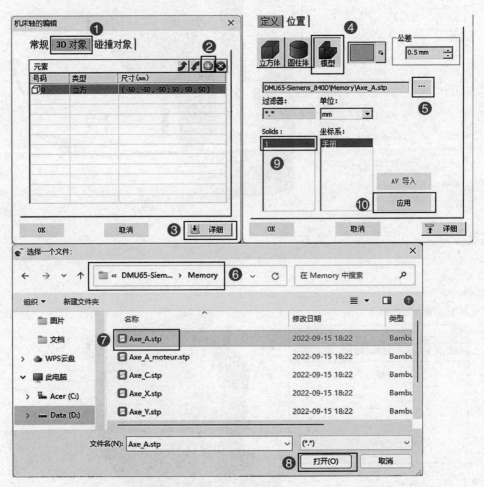

图 5-22

2）通过三点创建一点（圆心），单击"⟦⟧"，弹出"创建一点"对话框：①单击第一点→②单击模型圆上一点→③单击第二点→④单击模型圆上一点→⑤单击第三点→⑥单击模型圆上一点→⑦单击"OK"，如图 5-23 所示。

3）①单击"详细"→②单击"顶点"→③在顶点坐标右击→④"位置"下的 X、Y、Z 会自动填写顶点坐标→⑤方向定义单击"+X"→⑥在 3D 界面中，会有箭头来指明当前轴的旋转正方向，如图 5-24 所示。

4）①单击"3D 对象"→②依次选择模型→③单击"▢"更改颜色，选择需要的颜色→④在 3D 界面中，A 轴模型更改颜色完成→⑤单击"OK"，如图 5-25 所示。

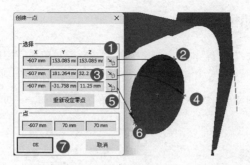

图　5-23

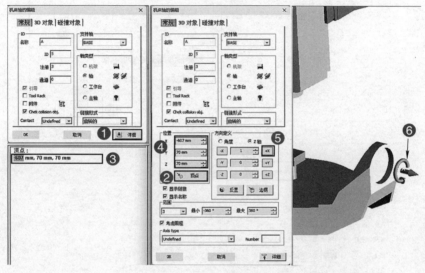

图　5-24

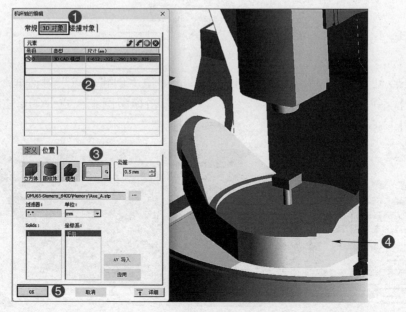

图　5-25

5.2.8　给 C 轴组件添加模型

1）双击"C"，进入"机床轴的编辑"对话框：①单击"3D 对象"→②单击"⊕"新建→③单击"详细"→④单击"模型"→⑤单击"…"选择→⑥选择"Memory"目录→⑦选择"Axe_C.stp"→⑧单击"打开"→⑨选择"1"实体→⑩单击"应用"，如图 5-26 所示。

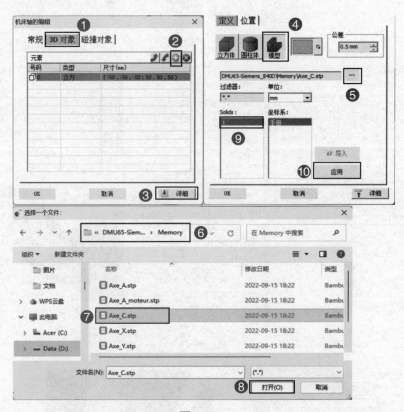

图　5-26

2）通过三点创建一点（圆心），单击"✛"，弹出"创建一点"对话框：①单击第一点➮→②单击模型圆上一点→③单击第二点➮→④单击模型圆上一点→⑤单击第三点➮→⑥单击模型圆上一点→⑦单击"OK"，如图 5-27 所示。

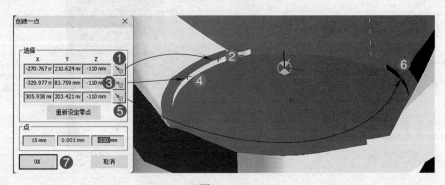

图　5-27

3）①单击"常规"下的"详细"→②单击"顶点"→③在顶点坐标右击→④"位置"下的 X、Y、Z 会自动填写顶点坐标→⑤在"方向定义"下单击"+Z"→⑥在 3D 界面中，会有箭头来指明当前轴的旋转正方向，如图 5-28 所示。

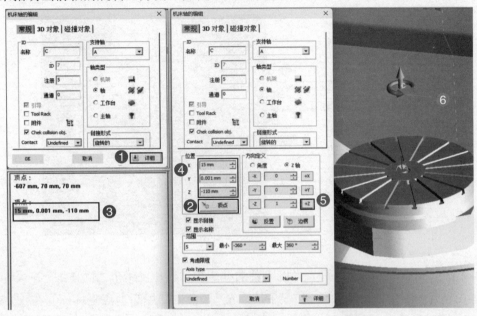

图　5-28

4）①单击"3D 对象"→②依次选择模型→③单击" ▭ "更改颜色，选择需要的颜色→④在 3D 界面中，C 轴模型更改颜色完成→⑤单击"OK"，如图 5-29 所示。

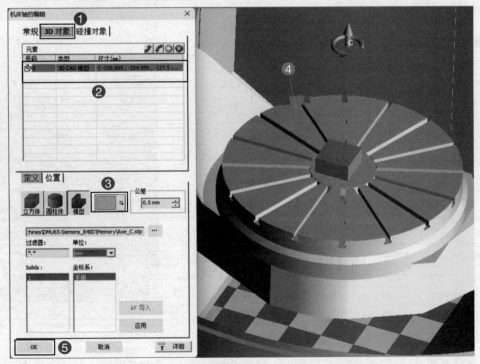

图　5-29

5）通过三点创建一点（圆心），单击"✍️"，弹出"创建一点"对话框：①单击第一点 🖐️→②单击模型圆上一点→③单击第二点 🖐️→④单击模型圆上一点→⑤单击第三点 🖐️→⑥单击模型圆上一点→⑦单击"OK"，如图5-30所示。

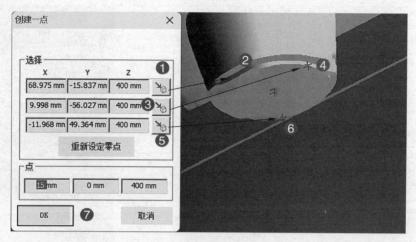

图 5-30

6）双击"SpindleIndex"，进入"机床轴的编辑"对话框：①单击"详细"→②单击"顶点"→③在顶点坐标右击→④"位置"下的X、Y、Z会自动填写顶点坐标→⑤在3D界面中，会有箭头来指明当前轴的旋转正方向→⑥单击"OK"，如图5-31所示。

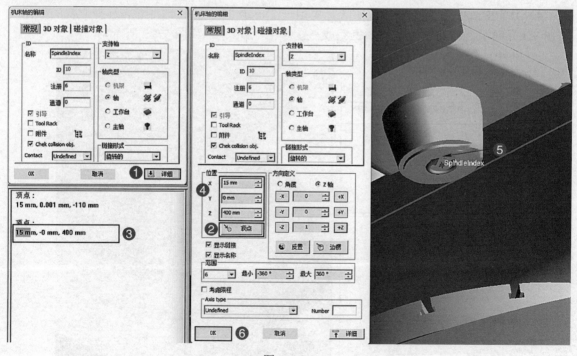

图 5-31

7）双击"Spindle"，进入"机床轴的编辑"对话框：①单击"详细"→②单击"顶点"→③在顶点坐标右击→④"位置"下的X、Y、Z会自动填写顶点坐标→⑤在3D界面中，会显示当前主轴端点→⑥单击"OK"，如图 5-32 所示。

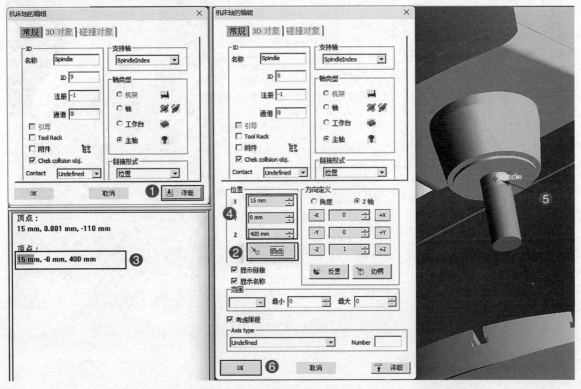

图　5-32

8）通过三点创建一点（圆心），单击"⌖"，弹出"创建一点"对话框：①单击第一点→②单击模型圆上一点→③单击第二点→④单击模型圆上一点→⑤单击第三点→⑥单击模型圆上一点→⑦单击"OK"，如图 5-33 所示。

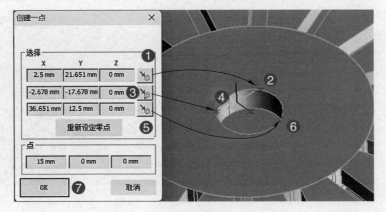

图　5-33

9）①单击"详细"→②单击"顶点"→③在顶点坐标右击→④"位置"下的 X、Y、Z 会自动填写顶点坐标→⑤在"方向定义"下单击"+Z"→⑥在 3D 界面中，会显示 Table 的零点位置→⑦单击"OK"，如图 5-34 所示。

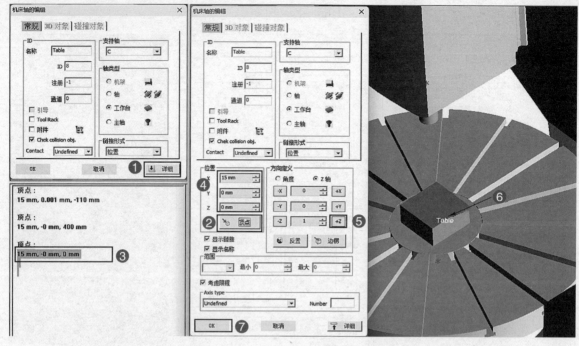

图 5-34

5.2.9 初始机床位置设置

1）①在菜单栏中单击"机床"→②"初始机床位置"进入编辑界面，如图 5-35 所示。

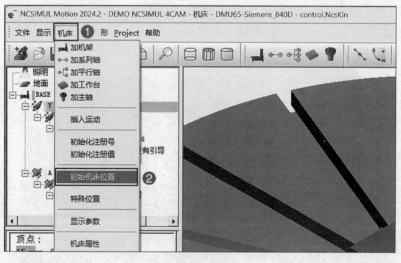

图 5-35

本界面同样可以设置每个轴的行程范围，其中机床零点是设置机床坐标系零点（MCS）。

2）根据实际机床信息可知，机床 Y 轴行程为 –325 ～ 325mm，在行程中输入最大值 325mm、最小值 –325mm。

a）设置 Y 轴行程最小，如图 5-36 所示。

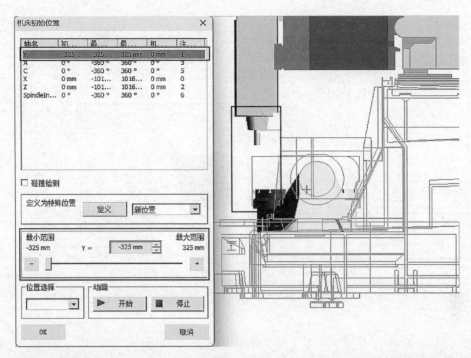

图　5-36

b）设置 Y 轴行程最大，如图 5-37 所示。

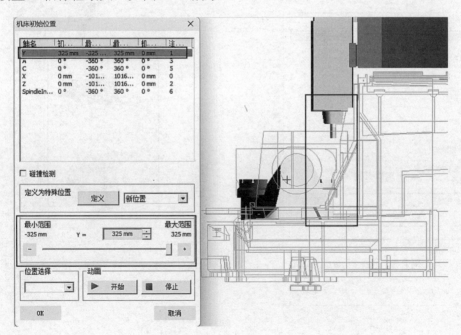

图　5-37

3）根据实际机床信息可知，机床 A 轴行程为 -10°～ 90°，直接在行程中输入最大值 90°、最小值 -10°。

a）设置 A 轴行程最小，如图 5-38 所示。

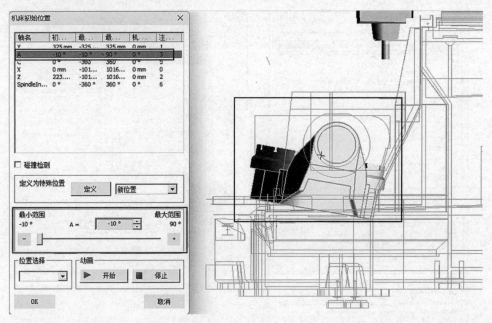

图　5-38

b）设置 A 轴行程最大，如图 5-39 所示。

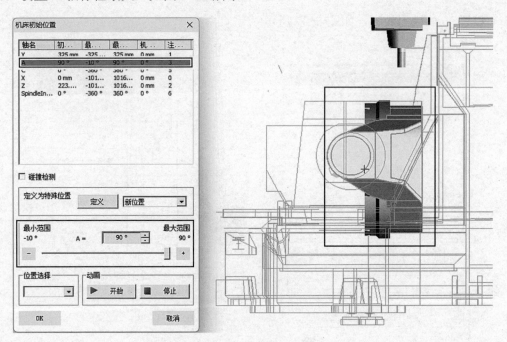

图　5-39

4）根据实际机床信息可知，机床 C 轴行程是无限的。

5）根据实际机床信息可知，机床 X 轴行程为 335 ～ -410mm，如果直接在行程中输入最大值 335、最小值 -410，那么机床移动范围只是在当前位置向负方向移动 410mm，不能向正方向移动。

a）设置 X 轴行程最小，如图 5-40 所示。

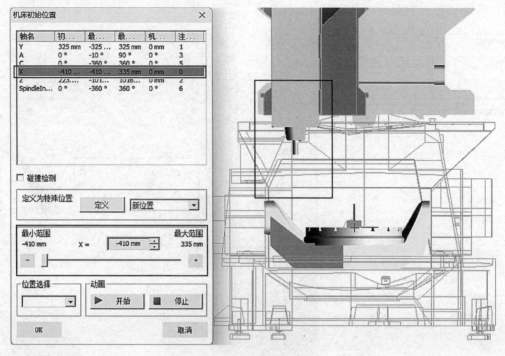

图　5-40

b）设置 X 轴行程最大，如图 5-41 所示。

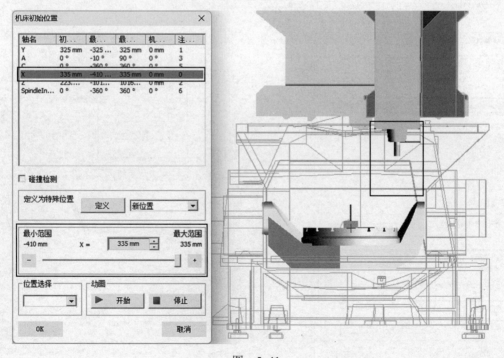

图　5-41

6）根据实际机床信息可知，机床 Z 轴行程为 –400 ～ 160mm，直接在行程中输入最大值

160mm、最小值 −400mm。

　　a）设置 Z 轴行程最小，如图 5-42 所示。

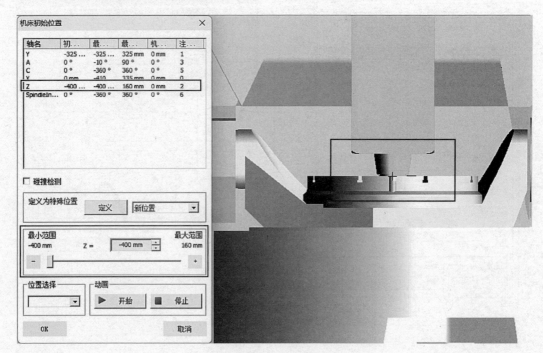

图　5-42

　　b）设置 Z 轴行程最大，如图 5-43 所示。

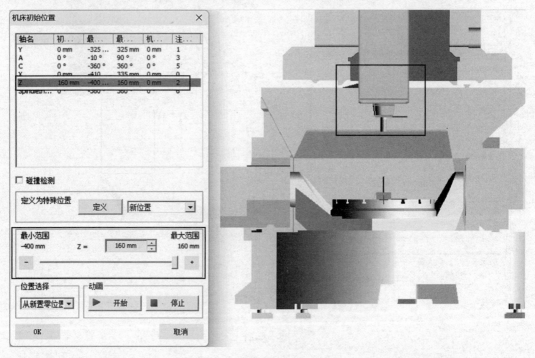

图　5-43

设置行程距离和位置要根据实际机床情况，有些机床的机械坐标值只有零和负数，有些机床的机械坐标值正负都有，可参考实际机床的信息和说明手册。

5.3　配置控制系统

构建完机床结构后，可以在控制器选项中选择已有的控制器，或者在配置控制器中配置一个新的控制器。

前面设置的参数可在"机床"配置界面进行修改。

5.3.1　一般

在"一般"界面配置全局信息：①单击"控制器"后面的三个点"⋯"，进入"新增控制器"对话框→②"客户名称"输入"gm"（客户名称根据实际填写）→③"NCSIMUL 通用控制器"选择"Siemens"（这里有很多控制器，根据实际情况来选择）→④"客户文件名称缩写"输入"gm"→⑤单击"下一个"，如图 5-44 所示，弹出"运动学 / 控制器"对话框。

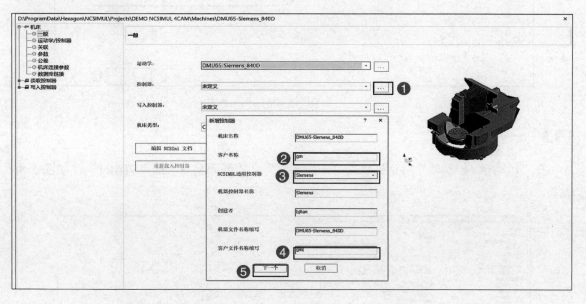

图　5-44

5.3.2　运动学 / 控制器

在"运动学 / 控制器"对话框：①"运动的轴"选"A（3）"、"控制器的轴"选"<undef>"→②"控制器的轴"选"A（4）"→③"状态"选"隐藏"→④"状态"选"显示"→⑤"运动的轴"选"SpindleIndex（6）"、"控制器的轴"选"<undef>"→⑥"控制器的轴"选"SpindleIndex（10）"→⑦单击"下一个"，如图 5-45 所示，弹出"参数"对话框，单击"OK"。

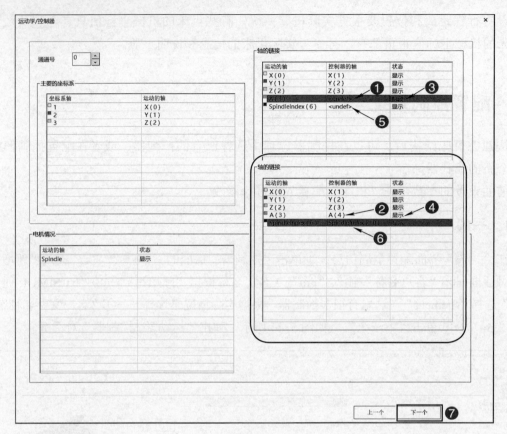

图 5-45

5.3.3 一般参数

在"运动学 / 控制器"对话框单击"一般参数"，"解码起点"选"START"，如图 5-46
所示。

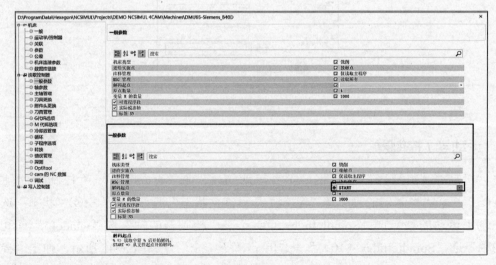

图 5-46

5.3.4　轴参数

在"运动学 / 控制器"对话框单击"轴参数"：①"旋转轴 1"选"A"→②"旋转轴 2"选"C"→③单击"旋转轴 2 的属性（通道 1）"左边的小三角→④"轴运行规律"选"最短"→⑤"旋转轴方向旋转 180°"选"正"，如图 5-47 所示。

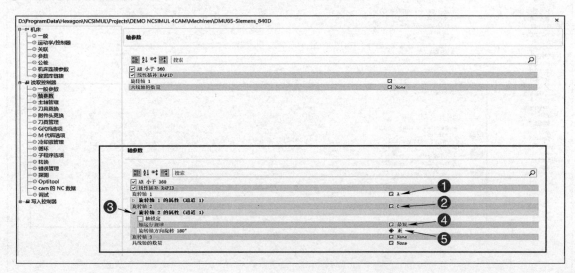

图　5-47

5.3.5　主轴管理

在"运动学 / 控制器"对话框单击"主轴管理"，"通道 1 主轴定向轴"选"SpindleIndex"，如图 5-48 所示。

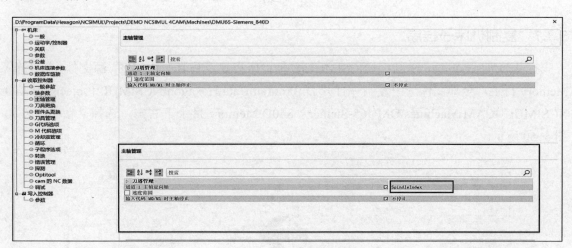

图　5-48

5.3.6　子程序选项

在"运动学 / 控制器"对话框单击"子程序选项"：①勾选"结构内存存档"→②勾选

"内存的 extern auto 变量"→③勾选"Tapes 的 extern auto 变量"→④"变量设置测试"选为 "仅限 Tapes 包含的程序"→⑤单击"保存"→⑥单击"OK",如图 5-49 所示。

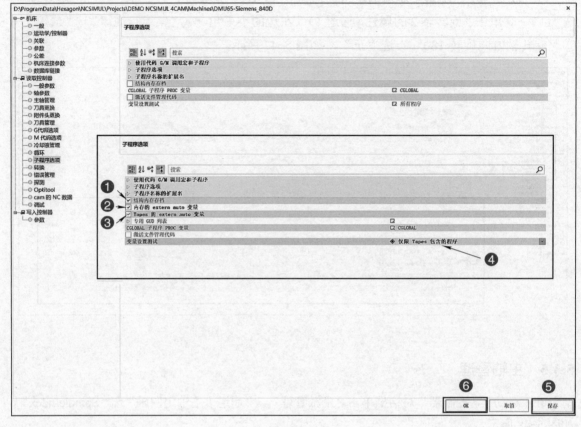

图　5-49

5.3.7　复制机床子程序

打开 D:\Users\bjhan\Desktop\NCSIMUL 多轴机床搭建及仿真应用实例 \ 源文件 \ 第 5 章 \ Memory 目录,全部文件选中复制→打开 D:\ProgramData\Hexagon\NCSIMUL\Projects\DEMO NCSIMUL 4CAM\Machines\DMU65-Siemens_840D\Memory 目录下右击,选择"粘贴",如 图 5-50 所示。

图　5-50

5.3.8　重加载机床

在"仿真过程编辑"设置树：①右击"DMU65-Siemens_840D"→②单击"重加载机床"，如图 5-51 所示。

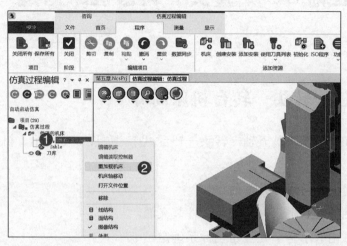

图　5-51

5.4　注意事项

如果"机床的浏览器"对话框中的创建机床等四项是灰色显示的，如图 5-52 所示，表示不可编辑，需要先进入管理员模式。

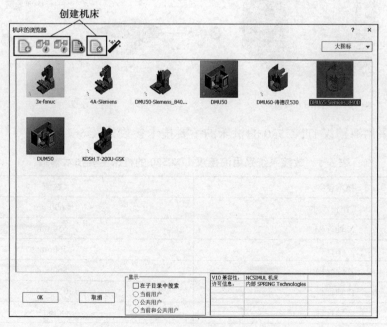

图　5-52

第6章 五轴 BC 一转头一转台机床搭建

6.1 五轴 BC 一转头一转台机床简介

DMU60 monoBLOCK BC 五轴一转头一转台机床，如图 6-1 所示。机床运动轴如图 6-2 所示。

①Z 轴：传递主要切削力的主轴。

②X 轴：X 轴始终水平，且平行于工件装夹面。

③Y 轴：Y 轴由右手笛卡儿直角坐标系确定。

④B 轴：绕 Y 轴旋转的轴。

⑤C 轴：绕 Z 轴旋转的轴。

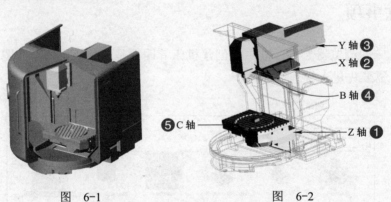

图　6-1　　　　　　　　　　图　6-2

数控系统采用海德汉 iTNC530 的机床的主要技术参数见表 6-1。

表 6-1　数控系统采用海德汉 iTNC530 的机床主要技术参数

技术参数	数值
工作台尺寸	$\phi\,600\text{mm}$
X 轴行程	630mm
Y 轴行程	560mm
Z 轴行程	560mm
B 轴行程	$-120°\sim30°$
C 轴行程	$n\times360°$
主轴转速	18000r/min

6.2　机床搭建

6.2.1　新建机床

1）①单击"机床"→②在弹出的"机床的浏览器"对话框中单击"创建机床"，如图 6-3 所示。建议进入管理员状态，管理员密码默认为 admin。

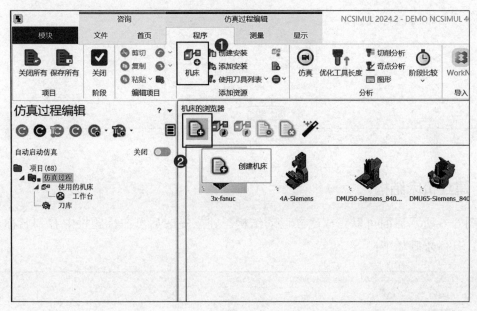

图　6-3

2）根据界面提示，输入机床名称和客户代码，"机床名称"为"DMU60- 海德汉 530"，机床名称通常应包含机床厂家和型号、控制器名称和型号、轴信息等信息，客户代码通常为 6 位的数字，如图 6-4 所示。

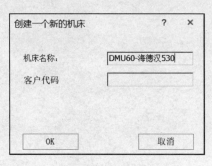

图　6-4

3）①单击"运动学"框后面的"　　"，弹出"添加新的运动学"对话框→②单击"下一个"，如图 6-5 所示，进入运动结构界面。

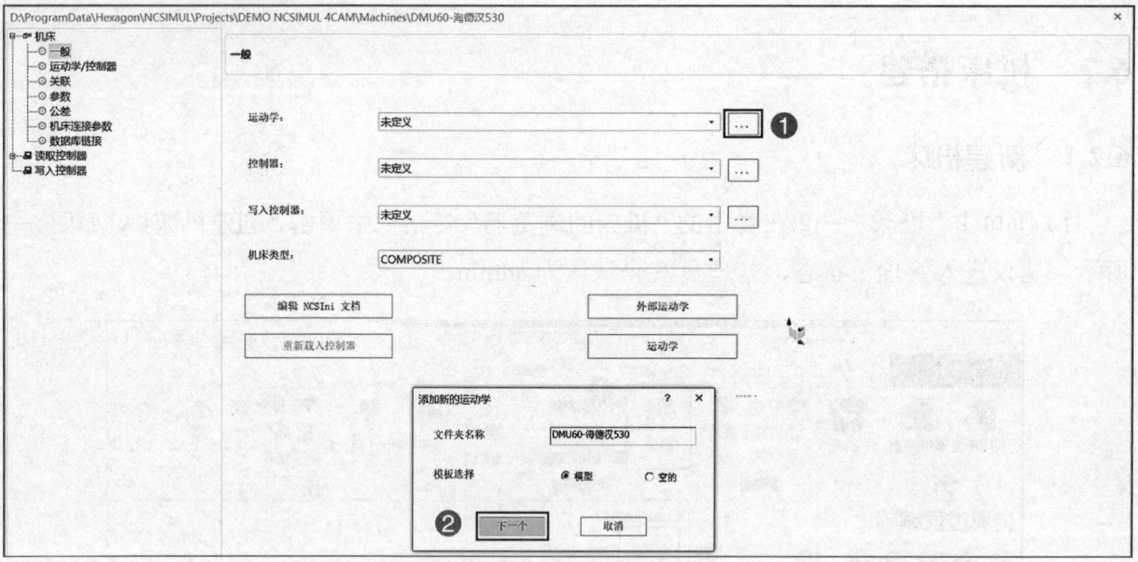

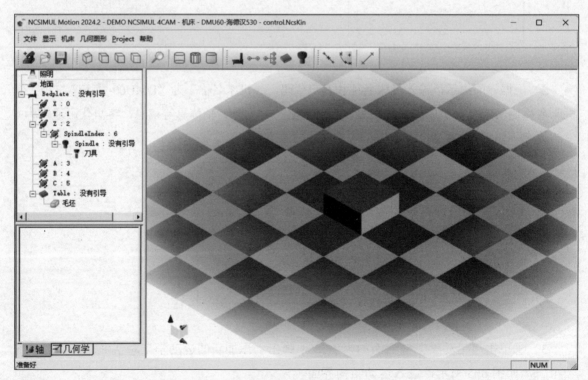

图 6-5

6.2.2 建立机床结构

在图 6-6 所示界面可以完成建立运动结构。建立完成后可在标题栏中看到名称 control. NcsKin。具体步骤如下：

图 6-6

1）把多出来的一个旋转轴删除，并调节各个轴的逻辑关系（选中直接拖拽即可）如图 6-7 所示。调整后的逻辑关系，如图 6-8 所示。

图　6-7　　　　　　　　　　　　　　　　图　6-8

这时可以根据实际情况设置每个轴的属性，也可以添加模型。如果没有模型，并不影响实际运动，只是不能体现机床结构之间的碰撞检测。

2）单击快捷菜单中的"💾"，就会在 D:\ProgramData\Hexagon\NCSIMUL\Projects\DEMO NCSIMUL 4CAM\Machines\DMU60- 海德汉 530\Memory 文件夹下生成 control.scn 文件，打开"Memory"文件夹，将第六章的模型复制到这个文件夹下，防止路径迁移文件读不到，如图 6-9 所示。

图　6-9

6.2.3　给床身组件添加模型

1）双击"Bedplate"，进入"机床轴的编辑"对话框，把"名称"改为"BASE"。然后①单击"3D 对象"→②单击"🔘"新建→③单击"详细"→④单击"模型"→⑤单击"⋯"选择→⑥选择"Memory"目录→⑦选择"door.stl"→⑧单击"打开"→⑨单击"应用"，如图 6-10 所示。

2）①单击"🔘"新建→②单击"模型"→③单击"⋯"选择→④选择"Memory"目录→⑤选择"housing.stl"→⑥单击"打开"→⑦单击"应用"，如图 6-11 所示。

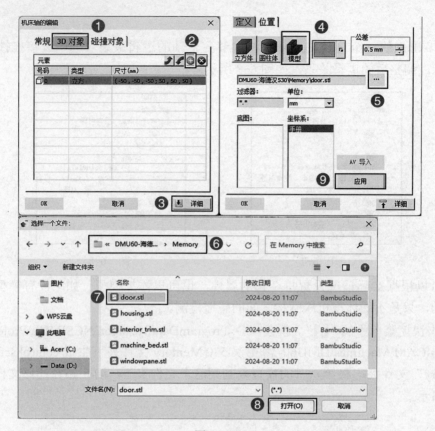

图　6-10

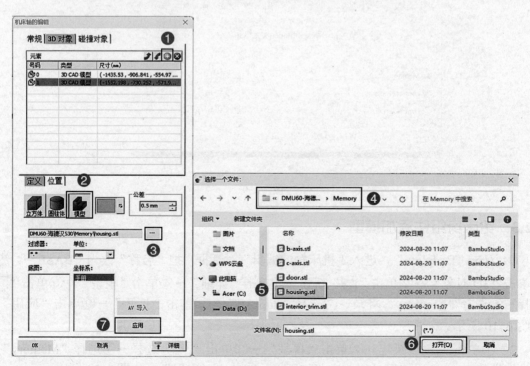

图　6-11

3）①单击"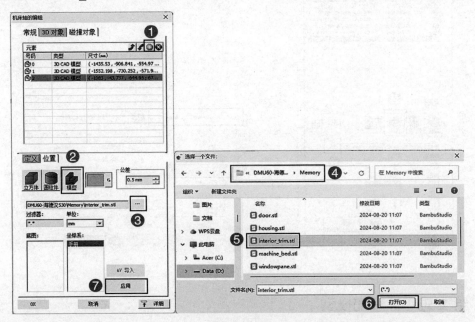"新建→②单击"模型"→③单击"⋯"选择→④选择"Memory"目录→⑤选择"interior_trim.stl"→⑥单击"打开"→⑦单击"应用"，如图 6-12 所示。

图　6-12

4）①单击"⊕"新建→②单击"模型"→③单击"⋯"选择→④选择"Memory"目录→⑤选择"machine_bed.stl"→⑥单击"打开"→⑦单击"应用"，如图 6-13 所示。

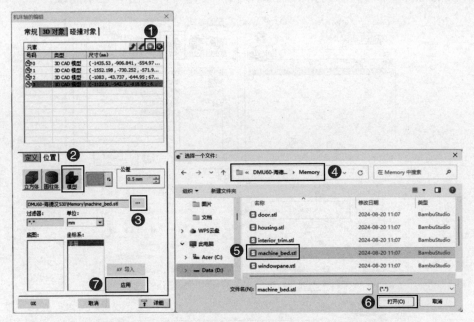

图　6-13

5）①单击"⊕"新建→②单击"模型"→③单击"⋯"选择→④选择"Memory"目录→⑤选择"windowpane.stl"→⑥单击"打开"→⑦单击"应用"，如图 6-14 所示。

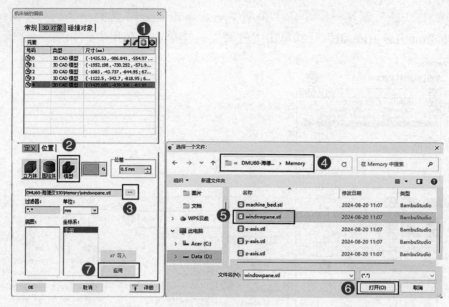

图 6-14

6.2.4 给 X 轴组件添加模型

1）双击"X"，进入"机床轴的编辑"对话框：①单击"3D 对象"→②单击"⚙"新建→③单击"详细"→④单击"模型"→⑤单击"…"选择→⑥选择"Memory"目录→⑦选择"x-axis.stl"→⑧单击"打开"→⑨单击"应用"，如图 6-15 所示。

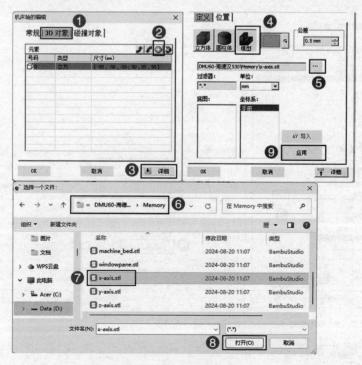

图 6-15

2）①单击"常规"→②在"方向定义"下单击"+X"→③在 3D 界面中，会有箭头来
指明当前轴的正方向，如图 6-16 所示。

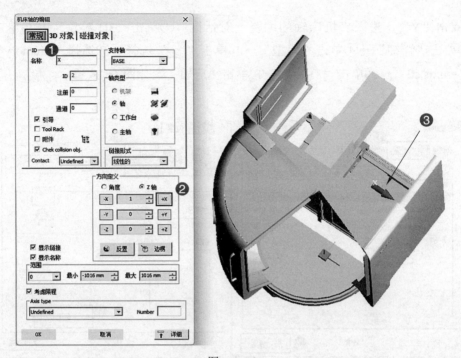

图　6-16

3）①依次选择模型→②单击"███"更改颜色，选择需要的颜色→③在 3D 界面中，
X 轴模型更改颜色完成→④单击"OK"，如图 6-17 所示。

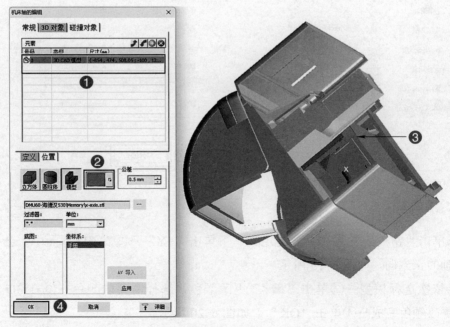

图　6-17

6.2.5 给 Y 轴组件添加模型

1）双击"Y"，进入"机床轴的编辑"对话框：①单击"3D 对象"→②单击"⊕"新建→③单击"详细"→④单击"模型"→⑤单击"⋯"选择→⑥选择"Memory"目录→⑦选择"y-axis.stl"→⑧单击"打开"→⑨单击"应用"，如图 6-18 所示。

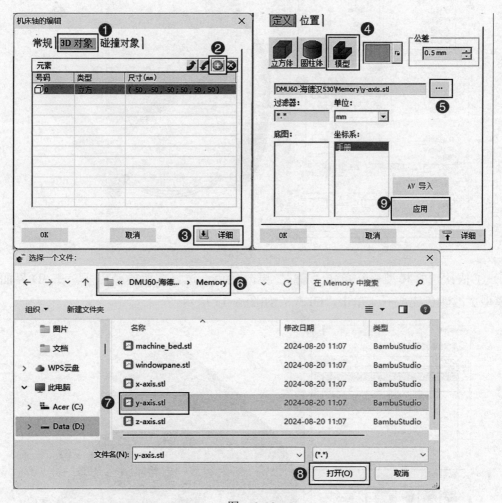

图 6-18

2）①单击"常规"→②在"方向定义"下单击"+Y"→③在 3D 界面中，会有箭头来指明当前轴的正方向，如图 6-19 所示。

3）①依次选择模型→②单击"▇▏"更改颜色，选择需要的颜色→③在 3D 界面中，Y 轴模型更改颜色完成→④单击"OK"，如图 6-20 所示。

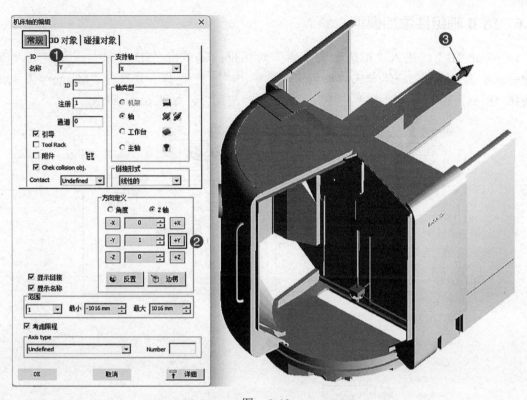

图　6-19

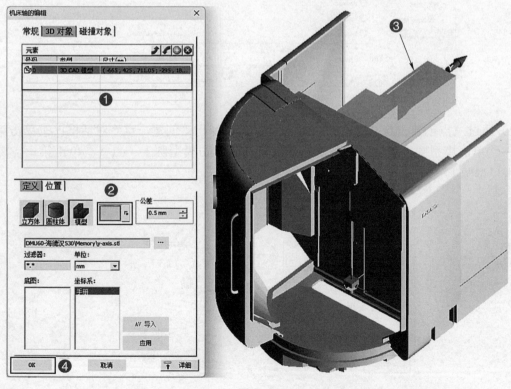

图　6-20

6.2.6 给 B 轴组件添加模型

1）双击"B"，进入"机床轴的编辑"对话框：①单击"3D 对象"→②单击"⊕"新建→③单击"详细"→④单击"模型"→⑤单击"…"选择→⑥选择"Memory"目录→⑦选择"b_axis.stl"→⑧单击"打开"→⑨单击"应用"，如图 6-21 所示。

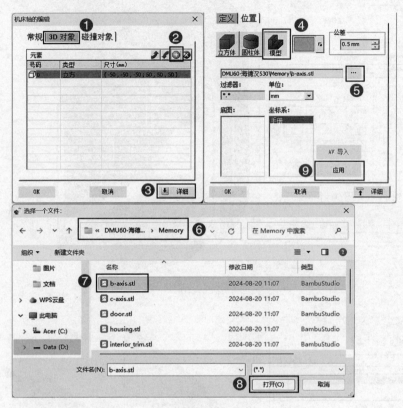

图 6-21

2）通过三点创建一点（圆心），单击"🖰"，弹出"创建一点"对话框：①单击第一点🖐→②单击模型圆上一点→③单击第二点🖐→④单击模型圆上一点→⑤单击第三点🖐→⑥单击模型圆上一点→⑦单击"OK"，如图 6-22 所示。

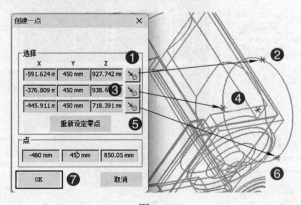

图 6-22

3）①单击"常规"下的"详细"→②单击"顶点"→③在顶点坐标右击→④"位置"下的 X、Y、Z 会自动填写顶点坐标→⑤在"方向定义"下单击"+Y"（根据导入的上完机的程序再进行更改）→⑥在 3D 界面中，会有箭头来指明当前轴的旋转正方向，如图 6-23 所示。

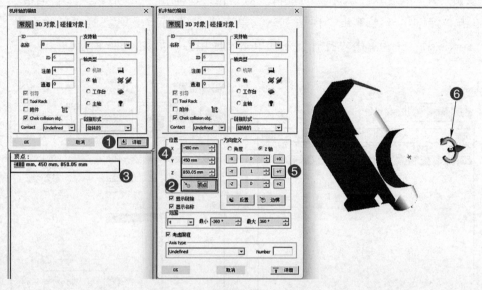

图　6-23

4）①单击"3D 对象"→②依次选择模型→③选择" "更改颜色，选择需要的颜色→④在 3D 界面中，A 轴模型更改颜色完成→⑤单击"OK"，如图 6-24 所示。

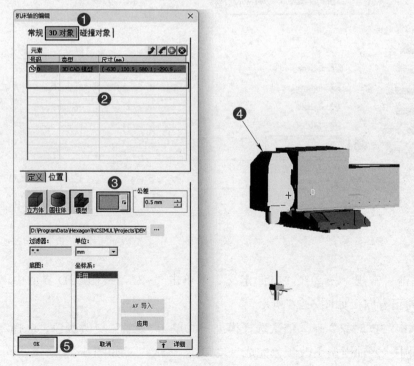

图　6-24

6.2.7　给 Z 轴组件添加模型

1）双击"Z"，进入"机床轴的编辑"对话框：①单击"3D 对象"→②单击"⊕"新建→③单击"详细"→④单击"模型"→⑤单击"⋯"选择→⑥选择"Memory"目录→⑦选择"z-axis.stl"→⑧单击"打开"→⑨单击"应用"，如图 6-25 所示。

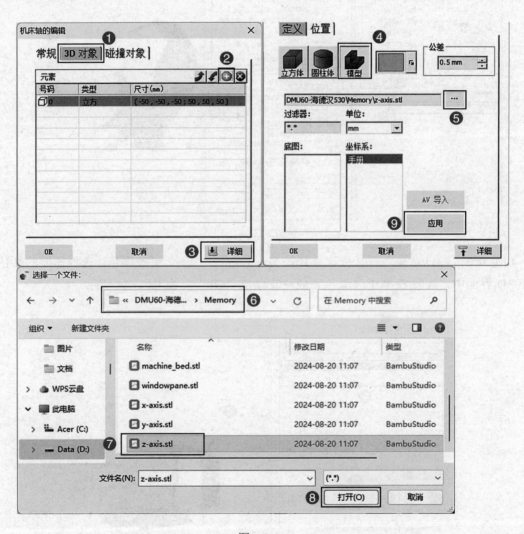

图　6-25

2）①单击"常规"→②在"方向定义"下单击"+Z"→③在 3D 界面中，会有箭头来指明当前轴的正方向，如图 6-26 所示。

3）①单击"3D 对象"→②依次选择模型→③单击"▨"更改颜色，选择需要的颜色→④在 3D 界面中，Z 轴模型更改颜色完成→⑤单击"OK"，如图 6-27 所示。

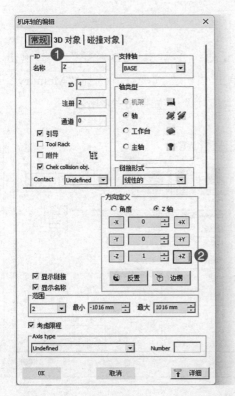

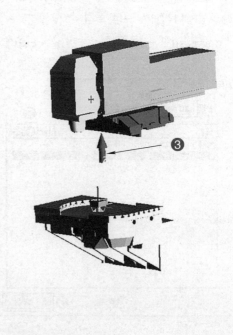

图　6-26

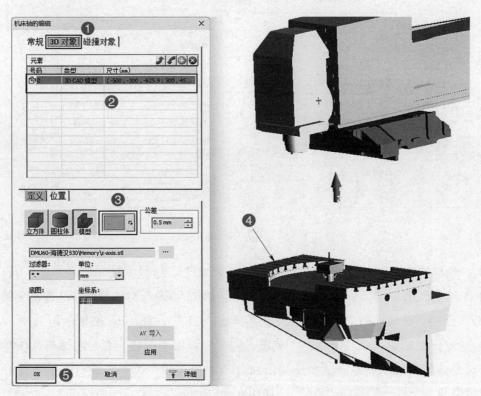

图　6-27

6.2.8 给 C 轴组件添加模型

1）双击"C"，进入"机床轴的编辑"对话框：①单击"3D 对象"→②单击"⊕" 新建→③单击"详细"→④单击"模型"→⑤单击"⋯"选择→⑥选择"Memory"目录→ ⑦选择"c-axis.stl"→⑧单击"打开"→⑨单击"应用"，如图 6-28 所示。

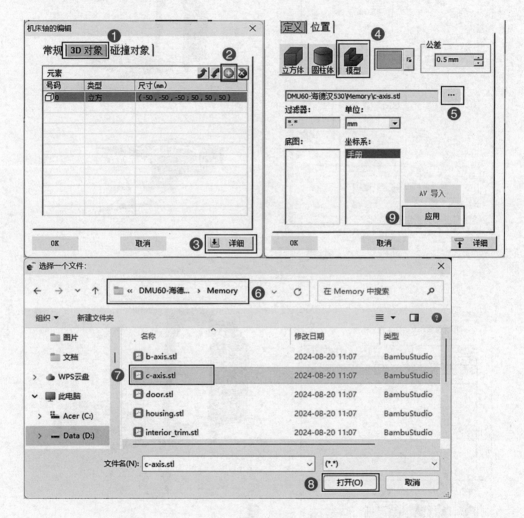

图 6-28

2）C 轴旋转位置就是在 X "0"、Y "0"、Z "0"，这里默认即可。

3）①单击"3D 对象"→②依次选择模型→③单击"▦"更改颜色，选择需要的颜色→ ④在 3D 界面中，C 轴模型更改颜色完成→⑤单击"OK"，如图 6-29 所示。

4）通过三点创建一点（圆心），单击"▧"，弹出"创建一点"对话框：①单击第一 点▧→②单击模型圆上一点→③单击第二点▧→④单击模型圆上一点→⑤单击第三点▧→ ⑥单击模型圆上一点→⑦单击"OK"，如图 6-30 所示。

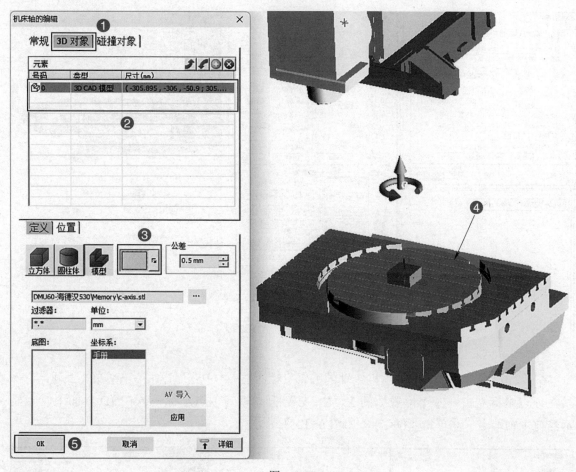

图　6-29

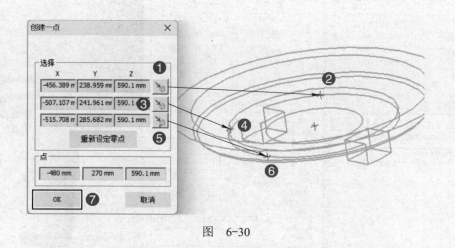

图　6-30

5）双击"SpindleIndex"，进入"机床轴的编辑"对话框：①单击"详细"→②单击"顶点"→③在顶点坐标右击→④"位置"的 X、Y、Z 会自动填写顶点坐标→⑤在 3D 界面中，会有箭头来指明当前轴的旋转正方向→⑥单击"OK"，如图 6-31 所示。

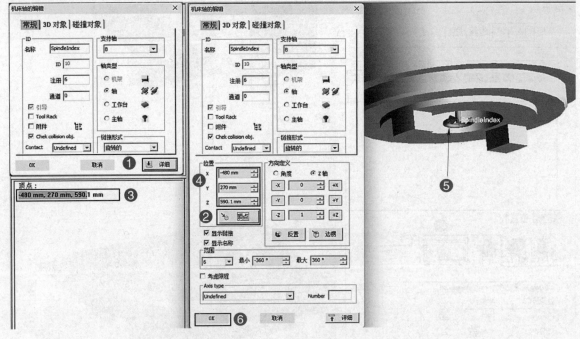

图　6-31

6）双击"Spindle"，进入"机床轴的编辑"对话框：①单击"详细"→②单击"顶点"→③在顶点坐标右击→④"位置"的 X、Y、Z 会自动填写顶点坐标→⑤在 3D 界面中，会显示当前主轴端点→⑥单击"OK"，如图 6-32 所示。

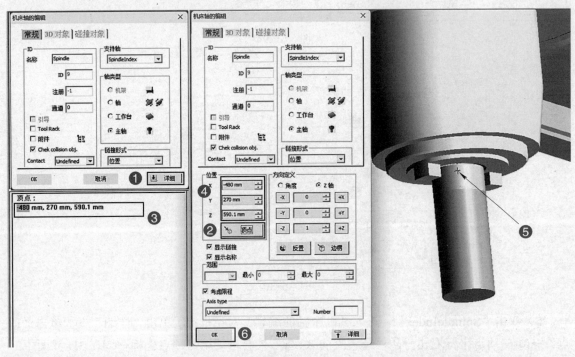

图　6-32

6.3　配置控制系统

构建完机床结构后，可以在控制器选项中选择已有的控制器，或者在配置控制器中配置一个新的控制器。

前面设置的参数可在"机床"配置界面进行修改。

6.3.1　一般

在"一般"界面配置全局信息：①单击"控制器"后面的三个点"▢"，进入"新增控制器"对话框→②"客户名称"输入"gm"（客户名称根据实际填写）→③"NCSIMUL通用控制器"选择"Heidenhain"（这里有很多控制器，根据实际情况来选择）→④"客户文件名称缩写"输入"gm"→⑤单击"下一个"，如图 6-33 所示，弹出"运动学/控制器"对话框。

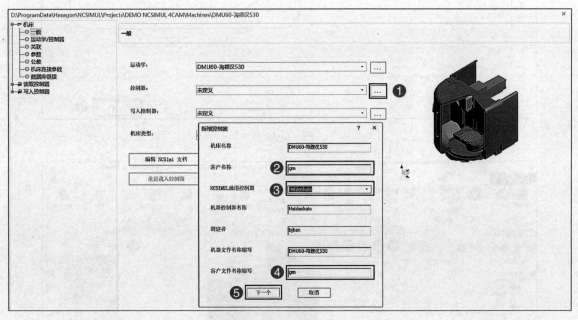

图　6-33

6.3.2　运动学/控制器

1）在"运动学/控制器"对话框：①"运动的轴"选"B（4）"、"控制器的轴"选"<undef>"→②"控制器的轴"选"B（5）"→③"状态"选"隐藏"→④"状态"选"显示"→⑤单击"下一个"，如图 6-34 所示，弹出"参数"对话框，单击"OK"。

2）效果图如图 6-35 所示。

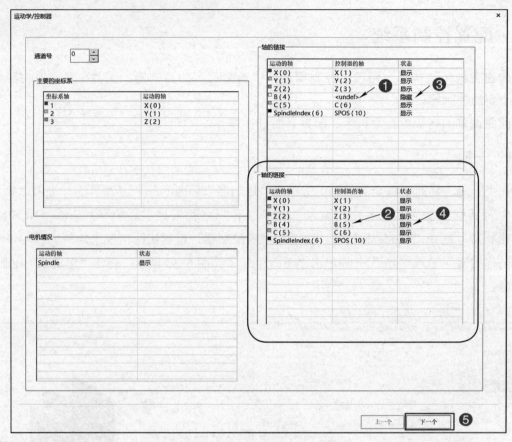

图 6-34

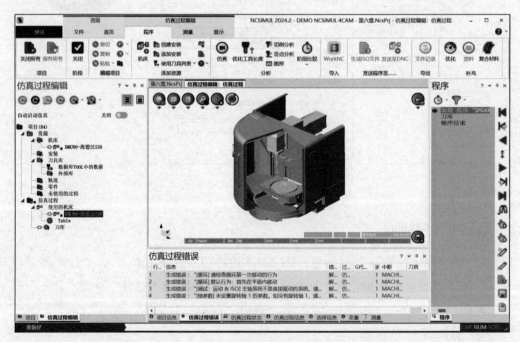

图 6-35

3）在"仿真过程编辑"设置树：①右击"DMU60- 海德汉 530"→②单击"编辑机床"，如图 6-36 所示，弹出"运动学 / 控制器"对话框。

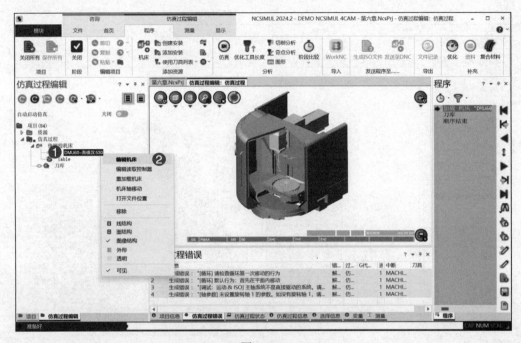

图　6-36

4）在"运动学 /控制器"对话框：①单击"一般"→②单击"运动学"，如图 6 -37 所示，弹出"机床运动结构"界面。

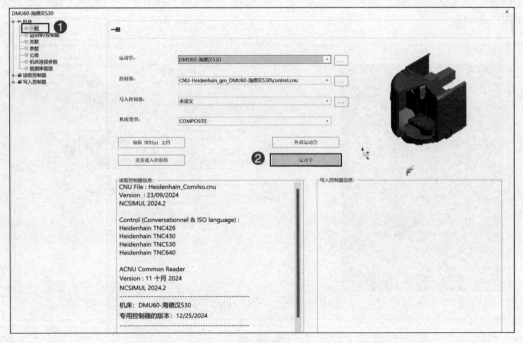

图　6-37

5）在"机床运动结构"界面：①单击"机床"→②单击"机床属性"，如图 6-38 所示，弹出"机床属性"对话框。

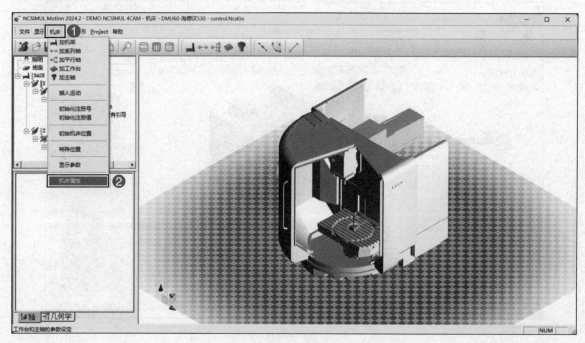

图 6-38

6）在"机床属性"对话框：①单击"RTCP 配置"→②单击"●"新建→③新建配置→④"轴 1"选"B"→⑤"轴 2"选"C"→⑥单击"OK"，如图 6-39 所示，返回"机床运动结构"界面。

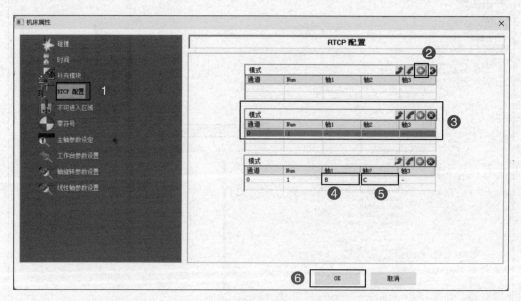

图 6-39

7）在"机床运动结构"界面：①单击"💾"→②单击"⊠"，如图6-40所示，返回"运动学/控制器"对话框。

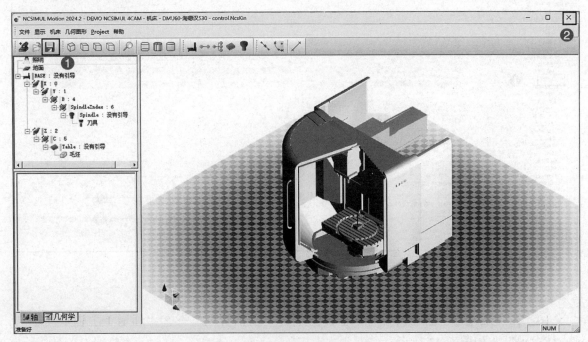

图　6-40

8）在"运动学/控制器"对话框：①单击"一般参数"→②"CN的选择"选"TNC530"→③"原点数量"选"50"，如图6-41所示。

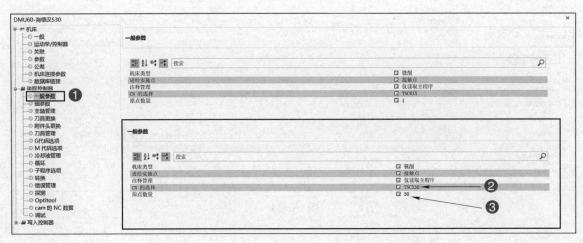

图　6-41

9）在"运动学/控制器"对话框：①单击"轴参数"→②"旋转轴1"选"B"→③"旋转轴2"选"C"→④单击"旋转轴2的属性（通道1）"左边的小三角→⑤"旋转轴方向旋转180°"选"正"，如图6-42所示。

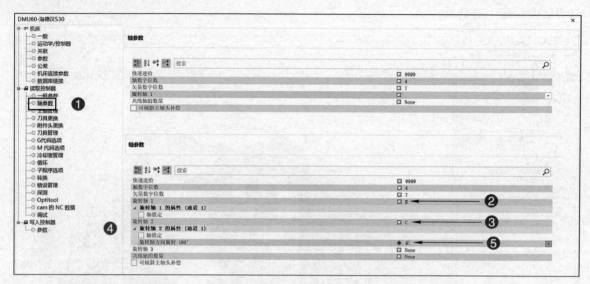

图　6-42

10）在"运动学 / 控制器"对话框：①单击"主轴管理"→②"通道 1 主轴定向轴"选"SPOS"，如图 6-43 所示。

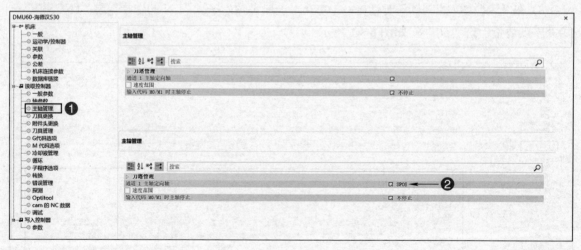

图　6-43

11）在"运动学 / 控制器"对话框：①单击"转换"→②"RTCP"选"1：BC"→③"选择方案"选"SEQ-"→④"副轴的下限解"输入"0"→⑤"副轴的上限解"输入"360"，如图 6-44 所示。

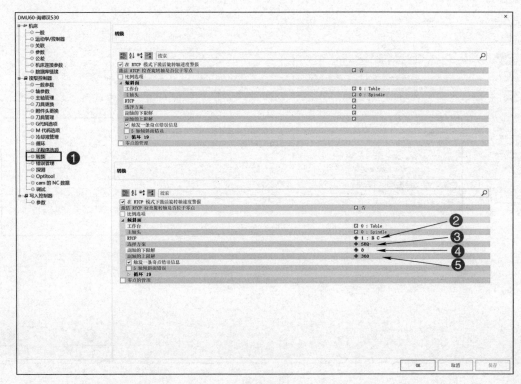

图　6-44

12）在"运动学 / 控制器"对话框：①单击"循环"→②"循环的首次移动"选"平面"，如图 6-45 所示。

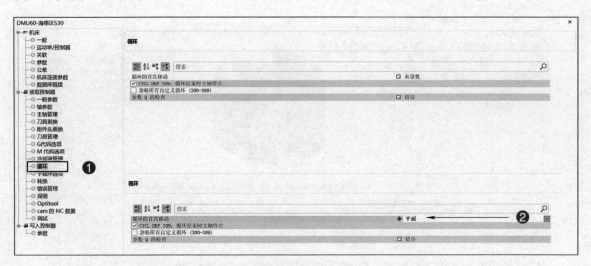

图　6-45

13）在"运动学 / 控制器"对话框：①单击"调试"→②取消"运动测试"的勾选→③单击"保存"→④单击"OK"，如图 6-46 所示。

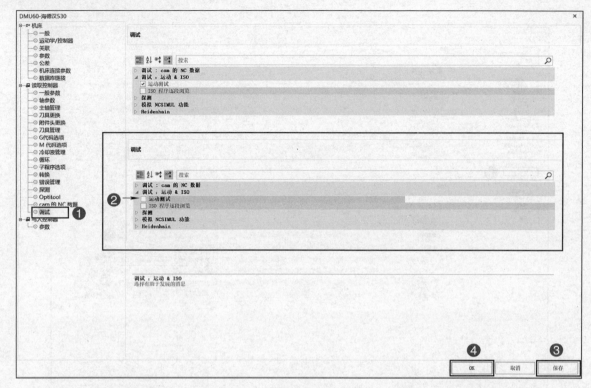

图　6-46

14）效果图如图 6-47 所示。

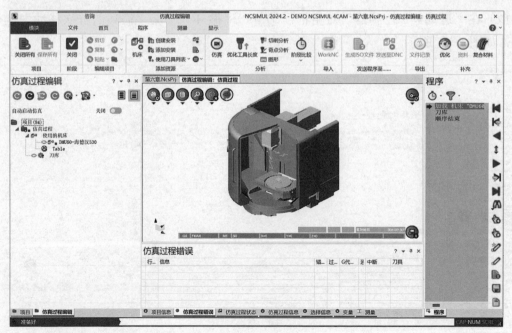

图　6-47

15）在"仿真过程编辑"设置树：①右击"DMU60- 海德汉 530"→②单击"重加载机床"，如图 6-48 所示。

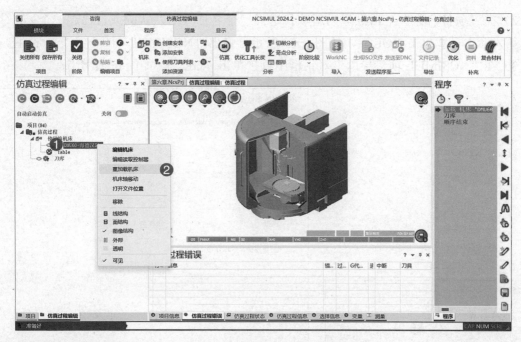

图　6-48

6.4　测试机床

1）在"管理项目"选项卡的"最近的"：①单击"导入项目"→②选择"源文件\第六章"目录→③选择"PP_TEST_EspritCAM"→④单击"打开"，如图6-49所示，弹出"项目名称"对话框。

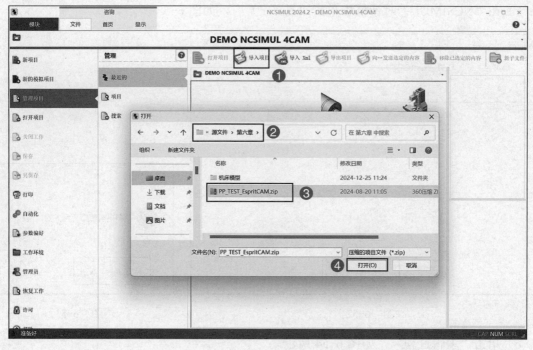

图　6-49

2）在"项目名称"对话框里为新项目选择一个名称（用默认的或自己起一个）：①输入"第六章"→②单击"OK"，如图 6-50 所示，弹出"NCSIMUL 项目导入"对话框。

3）在"NCSIMUL 项目导入"对话框中直接单击"OK"，如图 6-51 所示。

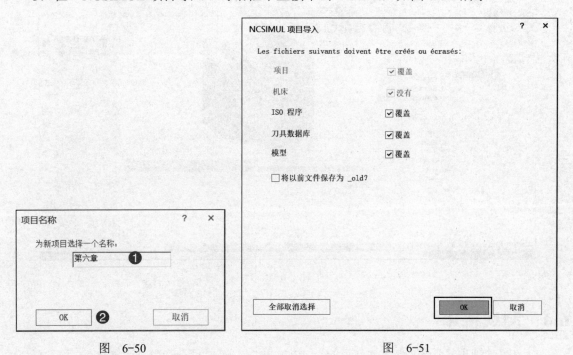

图　6-50　　　　　　　　　　　　图　6-51

4）在"导入报告"对话框中单击"OK"，如图 6-52 所示。

5）在"NCSIMUL"对话框中单击"是（Y）"，如图 6-53 所示。

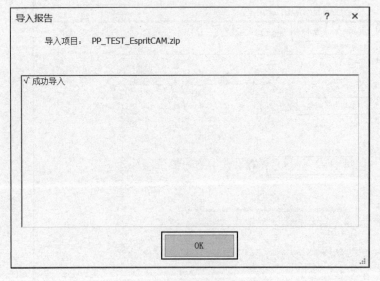

图　6-52

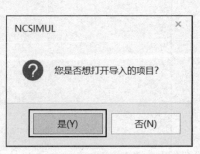

图　6-53

6）单击"编辑过程"，如图 6-54 所示。

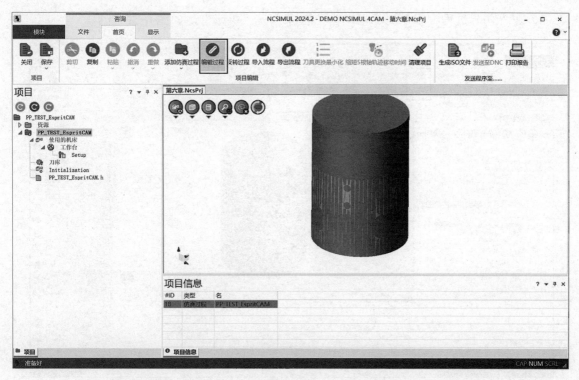

图　6-54

7）"仿真过程编辑"效果图如图 6-55 所示。

图　6-55

8）在"仿真过程编辑"对话框单击"程序"→"机床"，如图 6-56 所示。

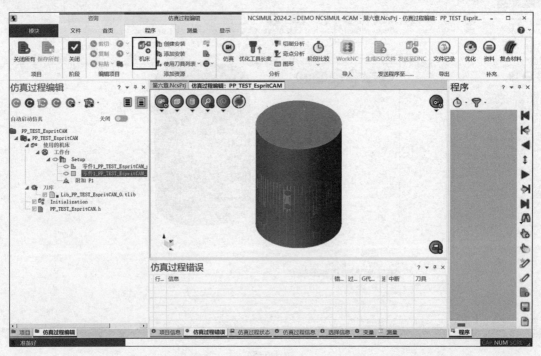

图 6-56

9）在"机床的浏览器"对话框：①选择"DMU60- 海德汉 530"→②单击"OK"，如图 6-57 所示。

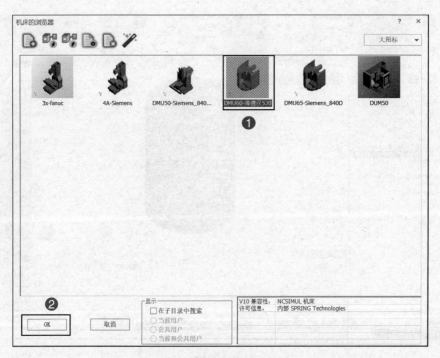

图 6-57

10）效果图如图 6-58 所示。

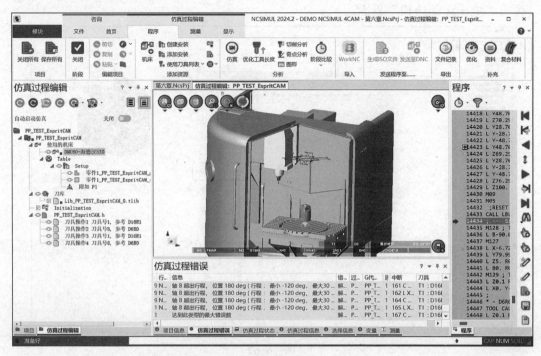

图 6-58

11）在"仿真过程编辑"设置树：①右击"DMU60-海德汉 530"→②单击"编辑机床"，如图 6-59 所示，弹出"运动学 / 控制器"对话框。

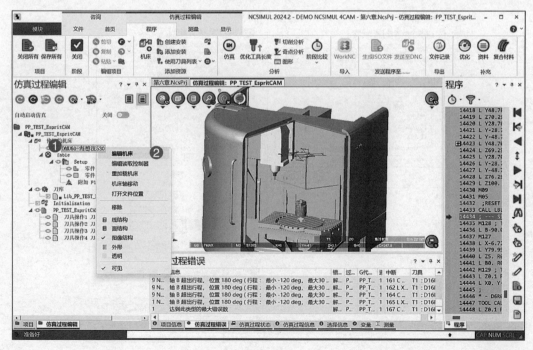

图 6-59

12）在"运动学/控制器"对话框：①单击"一般"→②单击"运动学"，如图 6-60 所示，弹出"机床运动结构"界面。

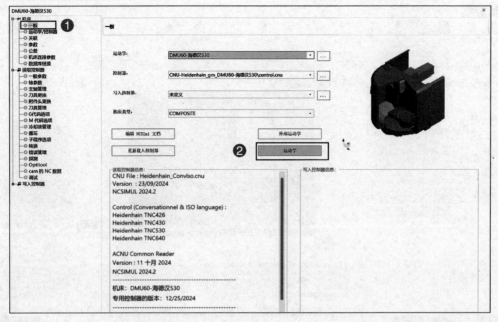

图　6-60

13）在"机床运动结构"界面双击"Z"，进入"机床轴的编辑"对话框：①单击"详细"→②单击"方向定义"下的"-Z"→③取消"考虑限程"前面的钩→④单击"OK"，如图 6-61 所示。

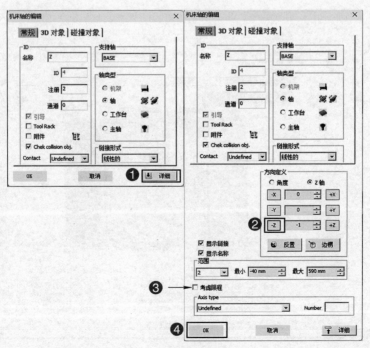

图　6-61

14）在"机床运动结构"界面双击"C"，进入"机床轴的编辑"对话框：①单击"详细"→②单击方向定义"–Z"→③取消"考虑限程"前面的钩→④单击"OK"，如图 6-62 所示。

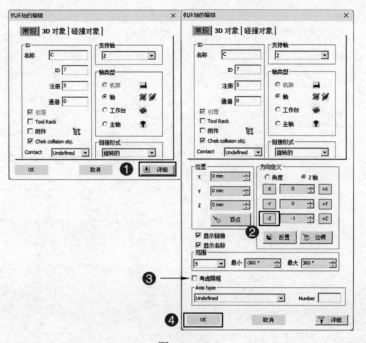

图　6-62

15）双击"Y"，进入"机床轴的编辑"对话框：①单击"详细"→②取消"考虑限程"前面的钩→③单击"OK"，如图 6-63 所示。

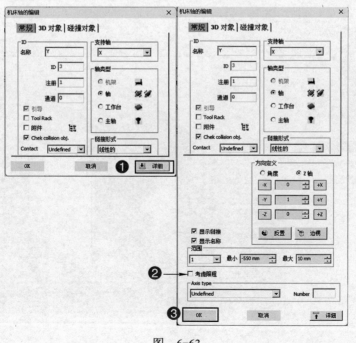

图　6-63

16）双击"X"，进入"机床轴的编辑"对话框：①单击"详细"→②取消"考虑限程"前面的钩→③单击"OK"，如图 6-64 所示。

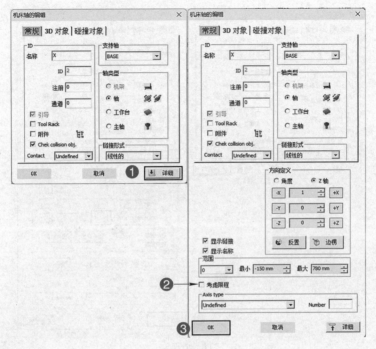

图 6-64

17）在"机床运动结构"界面：①单击"机床"→②单击"特殊位置"，如图 6-65 所示，弹出"特殊位置"对话框。

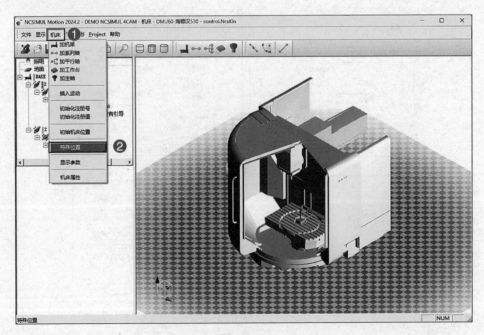

图 6-65

18）在"特殊位置"对话框：①单击"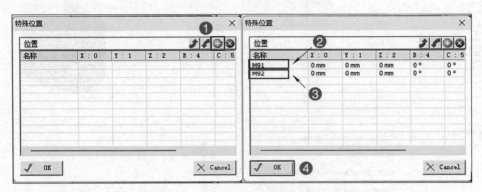"新建两次→②填写"名称"为"M91"→③填写"名称"为"M92→④单击"OK"，如图 6-66 所示，弹出"机床运动结构"界面。

图　6-66

19）在"机床运动结构"界面：①单击"▣"保存→②单击"☒"关闭，如图 6-67 所示，弹出"运动学 / 控制器"对话框。

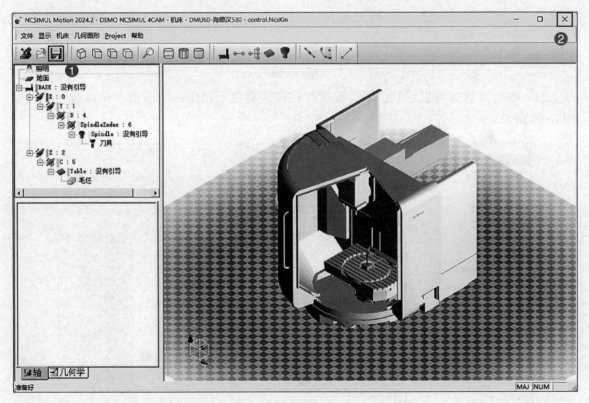

图　6-67

20）在"运动学 / 控制器"对话框：①单击"保存"→②单击"OK"，如图 6-68 所示。

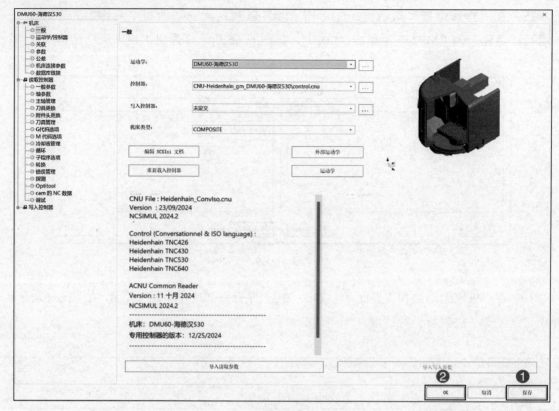

图 6-68

21) 在仿真界面可以看到: ①仿真过程已经没有提示报错→②单击"保存所有",如图 6-69 所示。

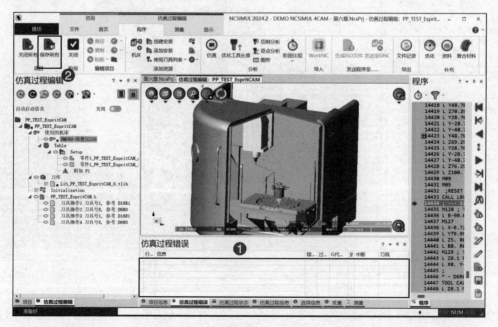

图 6-69

6.5　注意事项

项目导出：①选中"第六章 .NcsPrj"→②单击"导出项目"，如图 6-70 所示，弹出"项目：第六章"对话框。

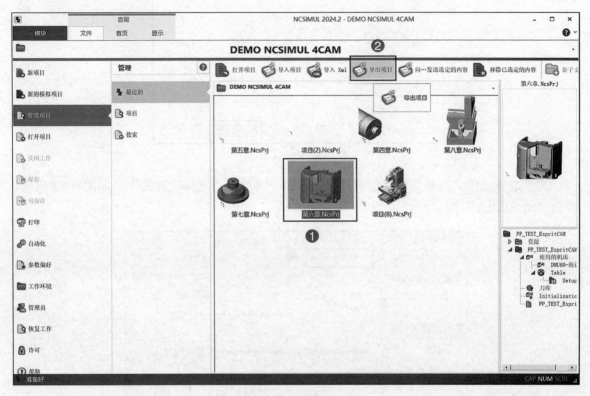

图　6-70

在"项目：第六章"对话框中单击"OK"（图 6-71），弹出"NCSIMUL 项目导出"对话框。

图　6-71

在"NCSIMUL 项目导出"对话框中单击"OK"，如图 6-72 所示，弹出"选择文件夹"对话框。

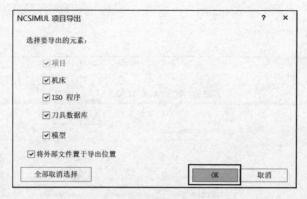

图　6-72

在"选择文件夹"对话框：①选择保存路径→②单击"选择文件夹"，如图 6-73 所示，弹出"NCSIMUL"提示框。

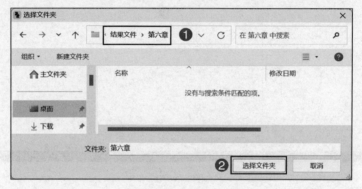

图　6-73

在"NCSIMUL"提示框中单击"确定"，导出成功，如图 6-74 所示。

图　6-74

7.1 五轴联动加工技术技能竞赛用机床简介

图 7-1 所示为五轴联动加工技术技能竞赛用机床 DMU-50 monoBLOCKBC，其数控系统采用 SINUMERIK 840 Dsl，机床主要技术参数见表 7-1。

图 7-1

表 7-1 机床主要技术参数

技术参数	数值
工作台尺寸	$\phi 500mm$
X 轴行程	500mm
Y 轴行程	450mm
Z 轴行程	400mm
B 轴行程	$-5° \sim 110°$
C 轴行程	$n \times 360°$
主轴转速	14000r/min

7.2 机床模板的导入

1）操作前，需要进入管理员模式：①单击"管理员"→②单击"进入管理员模式"，输入密码 admin →③代表进入管理员模式，如图 7-2 所示。

2）在"管理项目"选项卡的"最近的"：①单击"导入项目"→②选择"源文件\第七章"

目录→③选择"DMU50_ 模板 .zip"→④单击"打开"，如图 7-3 所示，弹出"项目名称"
对话框。

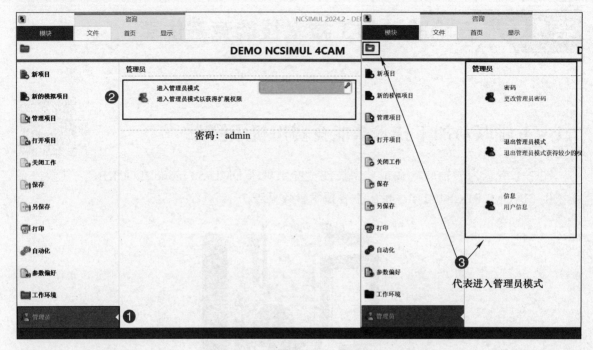

图　7-2

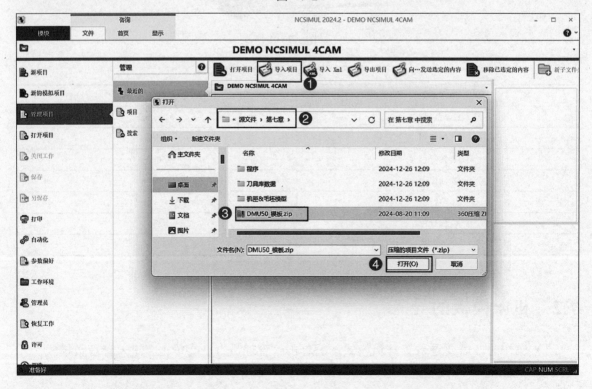

图　7-3

3）在"项目名称"对话框里为新项目选择一个名称（用默认的或自己起一个）：①输入"第七章"→②单击"OK"，如图7-4所示，弹出"NCSIMUL项目导入"对话框。

4）在"NCSIMUL项目导入"对话框中单击"OK"，如图7-5所示。

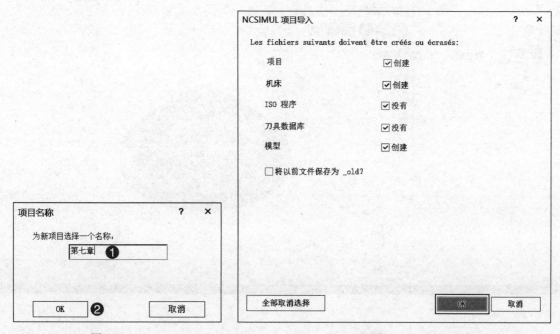

图　7-4　　　　　　　　　　　　　　　　　图　7-5

5）在"导入报告"对话框中单击"OK"，如图7-6所示。

6）在"NCSIMUL"对话框中单击"是（Y）"，如图7-7所示。

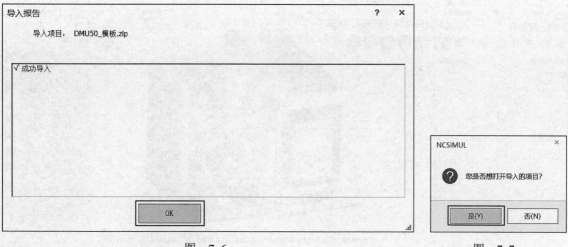

图　7-6　　　　　　　　　　　　　　　　　图　7-7

7）进入第7章项目后，双击"仿真过程"，如图7-8所示，进入"仿真过程编辑"对话框。

8）效果图如图7-9所示。

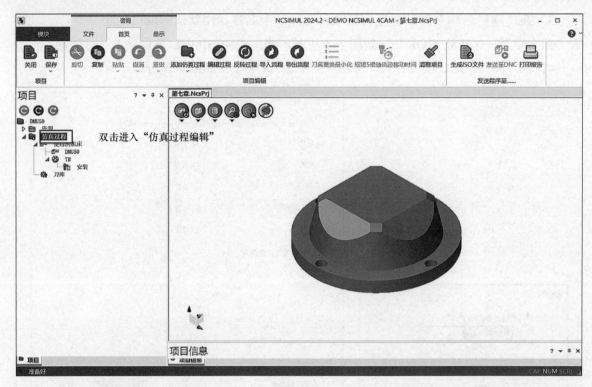

图 7-8

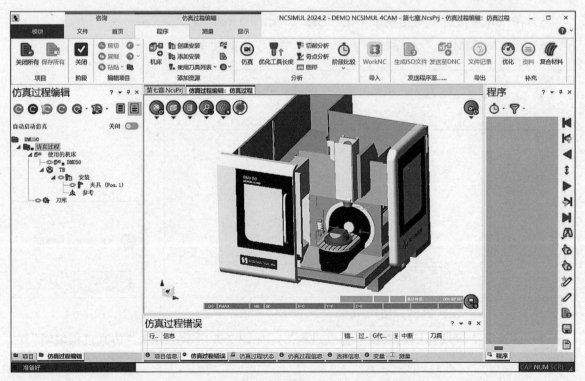

图 7-9

7.3　零件和毛坯的导入

1）在"源文件 \ 第七章 \ 机匣 & 毛坯模型"目录下复制"机匣 .x_t"文件，如图 7-10 所示。

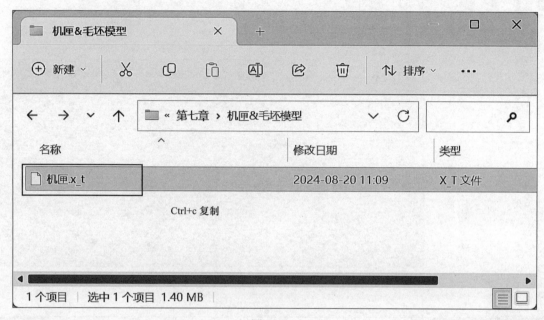

图　7-10

2）双击"安装"，如图 7-11 所示，进入"装配编辑"界面。

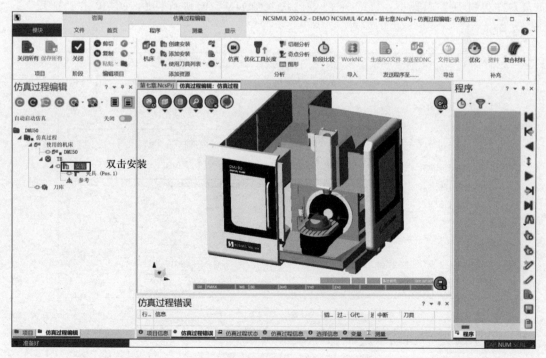

图　7-11

3）单击"导入 CAD"，如图 7-12 所示，弹出"打开"对话框。

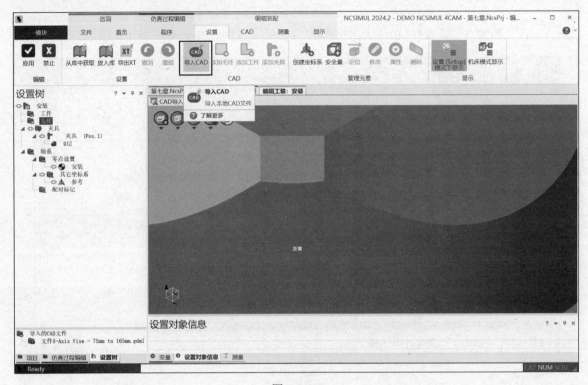

图　7-12

4）在"打开"对话框：①在空白处，按"Ctrl+V"键进行粘贴→②单击"打开"，如图 7-13 所示。

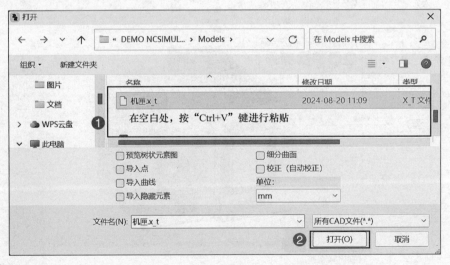

图　7-13

5）效果图如图 7-14 所示。

6）①单击"添加毛坯"→②选择毛坯实体→③单击"〇"，如图 7-15 所示。

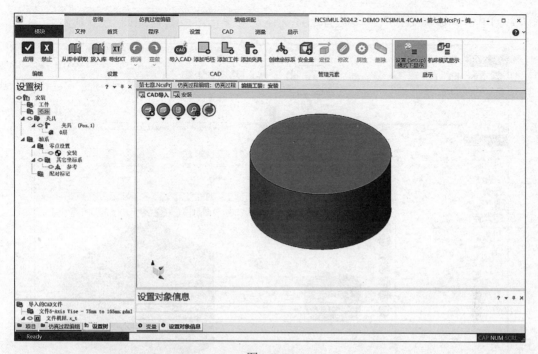

图　7-14

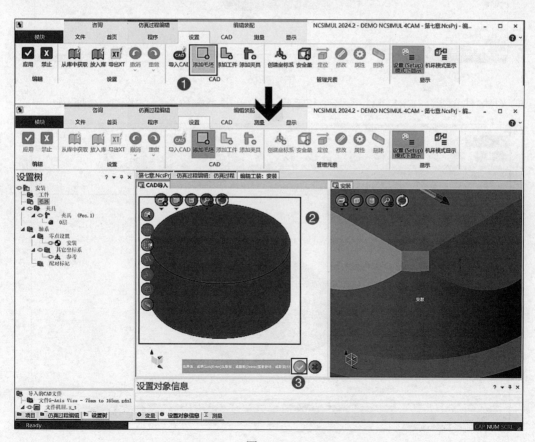

图　7-15

7）①单击"添加工件"→②选择毛坯实体→③单击"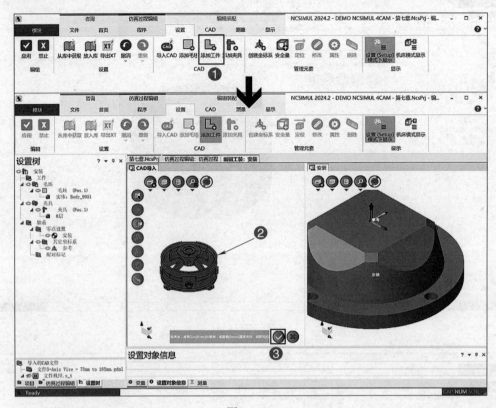"，如图 7-16 所示。

图　7-16

8）①按住键盘上 Ctrl 键选择零件和毛坯→②单击"定位"，如图 7-17 所示。

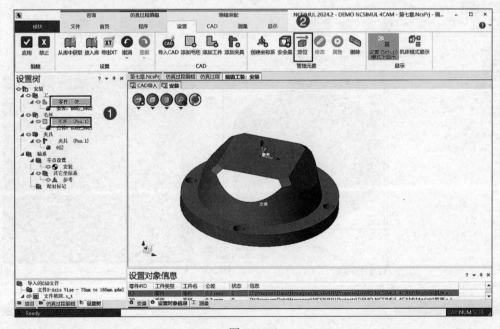

图　7-17

9）①在"位置"下的"Z"中输入"146"（这里工装高为 146mm）→②单击"应用"，如图 7-18 所示。

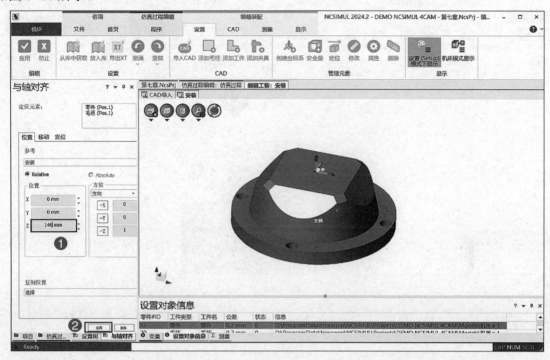

图 7-18

10）效果图如图 7-19 所示。

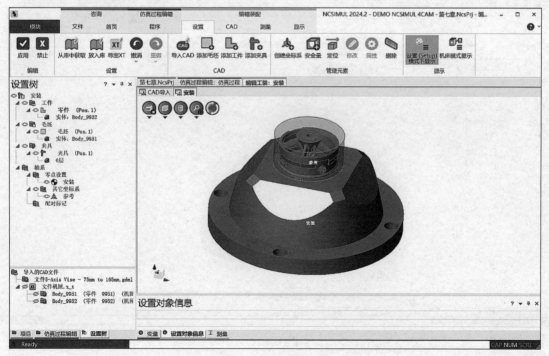

图 7-19

11）①单击"创建坐标系"→②选择模型边缘让坐标系捕捉到圆心，如图 7-20 所示。

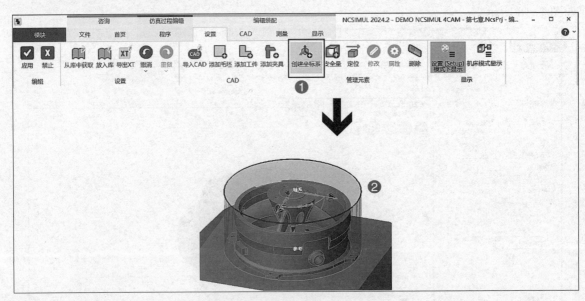

图　7-20

12）①"方位"选"角度"→②"X 角度"输入"0"→③"名字"输入"G54"→④单击"应用"，如图 7-21 所示。

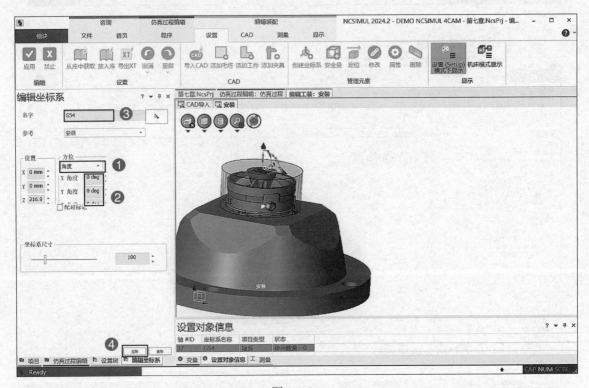

图　7-21

13）单击"应用"，如图 7-22 所示。

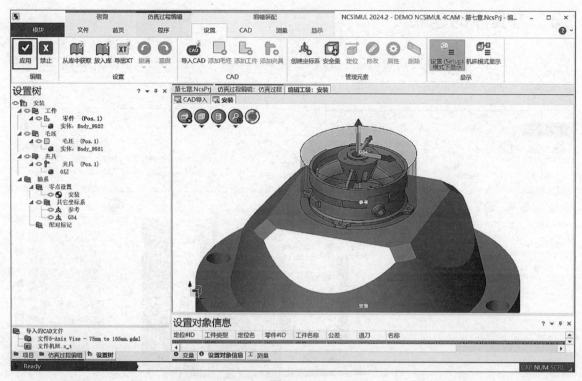

图　7-22

14）单击"保存所有"，如图 7-23 所示。

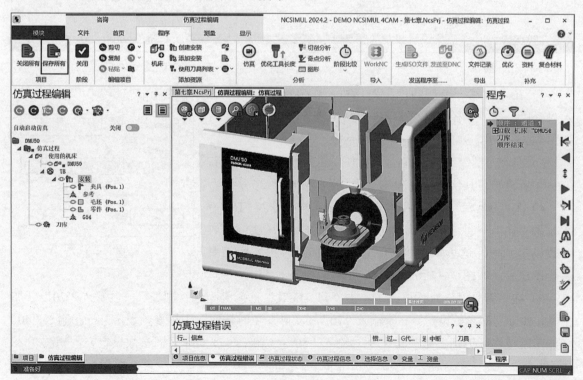

图　7-23

7.4 刀具库的建立

1）①单击"使用刀具列表右侧"的下三角→②单击"创建刀具列表"，如图 7-24 所示，弹出"创建一个新的库"对话框。

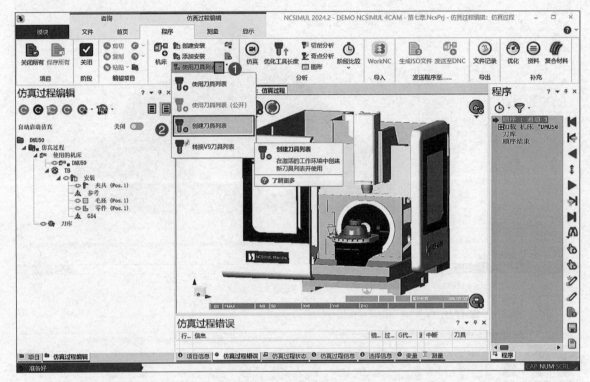

图 7-24

2）在"创建一个新的库"对话框：①"库的名称"输入"tool"→②"半径"选"补偿＝刀具半径→③单击"OK"，如图 7-25 所示，弹出"刀具库"对话框。

3）在"刀具库"对话框：①单击"📷"创建一把新的铣刀→②新建的刀具信息→③单击"选项"，如图 7-26 所示。

4）在"刀具库"对话框：①单击"刀具"→②输入"16"→③输入"16"→④这里默认"80"即可（加工时按实际刀具参数设定）→⑤这里默认"100"即可（加工时按实际刀具参数设定），如图 7-27 所示。

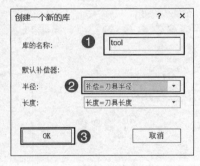

图 7-25

5）在"刀具库"对话框：①单击"刀具夹具"→②类型选"圆柱"→③输入"20"（加工时按实际刀柄参数设定）→④输入"70"（实际加工时按实际刀柄参数设定）→⑤输入"40"（加工时按实际刀柄参数设定）→⑥输入"80"（加工时按实际刀柄参数设定），如图 7-28 所示。

6）在"刀具库"对话框：①单击"参数"→②"参考"输入"D16"，如图 7-29 所示。

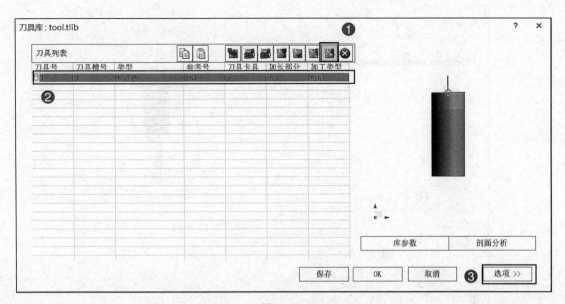

图　7-26

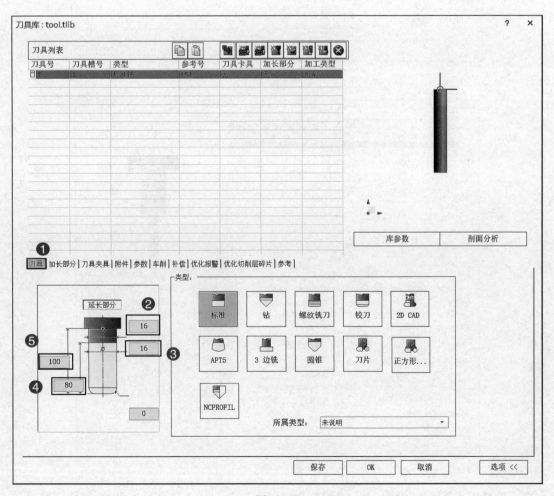

图　7-27

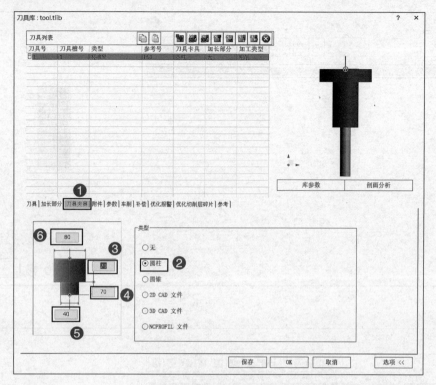

图 7-28

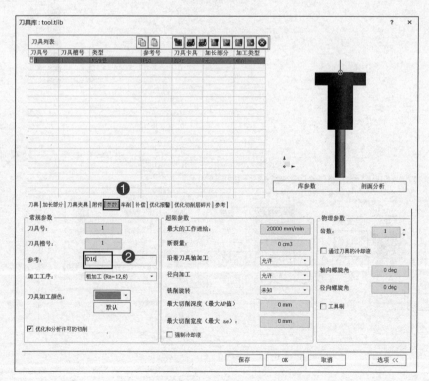

图 7-29

7）重复以上操作，设置刀具如图 7-30 所示。注意①"刀具号"和②"刀具槽号"可以不修改。

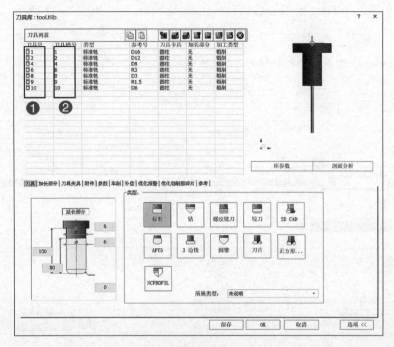

图　7-30

7.5　初始化设置

1）单击"初始化"，如图 7-31 所示，弹出"初始化"对话框。

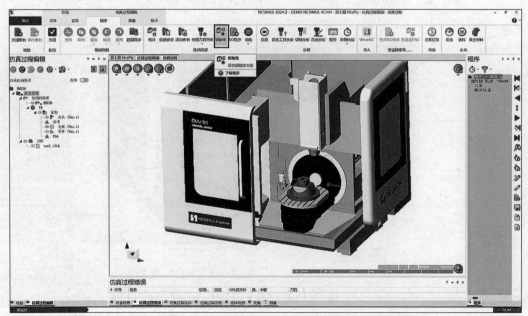

图　7-31

2）在"初始化"对话框：①勾选"改变原点的定义"→②单击"G54"后面"自动引用"的相应位置→③单击"TB：安装：G54"→④单击"OK"，如图 7-32 所示。

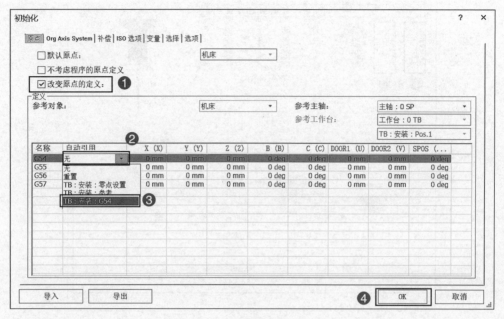

图　7-32

3）单击"保存所有"，如图 7-33 所示。

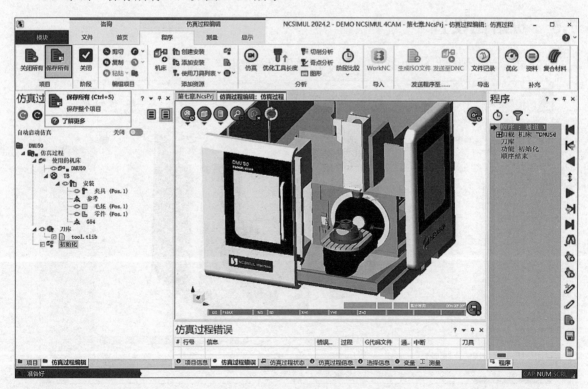

图　7-33

7.6　程序导入及仿真

1）在"源文件\第七章\程序"目录下复制"程序 .nc"文件，如图 7-34 所示。

图　7-34

2）单击"ISO 程序"，如图 7-35 所示，弹出"打开"对话框。

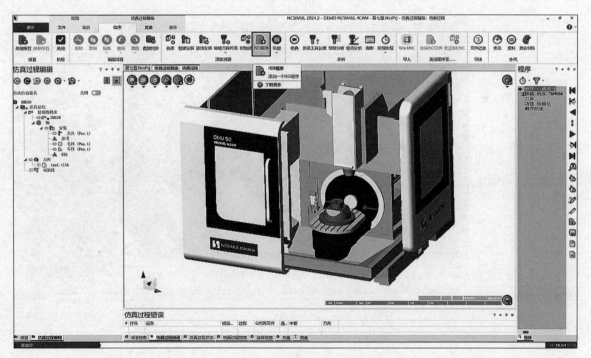

图　7-35

3）在"打开"对话框：①在空白处，按 Ctrl+V 键进行粘贴→②单击"打开"，如图 7-36 所示。

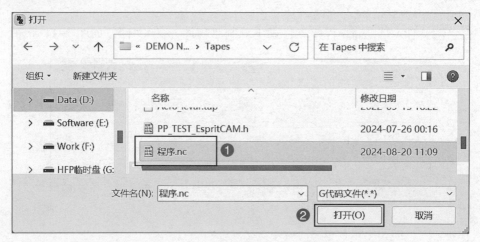

图　7-36

4）单击"仿真"，效果图如图 7-37 所示。

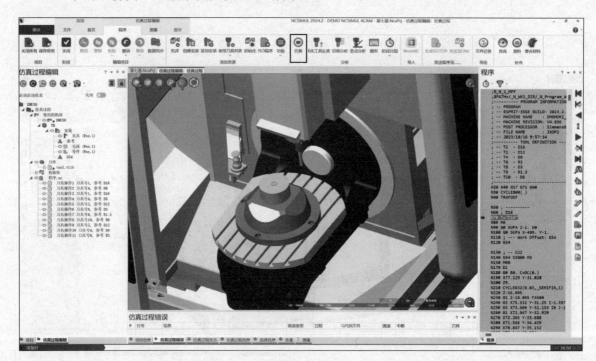

图　7-37

5）单击"连续仿真"，如图 7-38 所示。

6）仿真结束，单击"比较"，设置"初始化比例"的"最大"和"最小"的值，根据颜色查看过没过切，如图 7-39 所示。

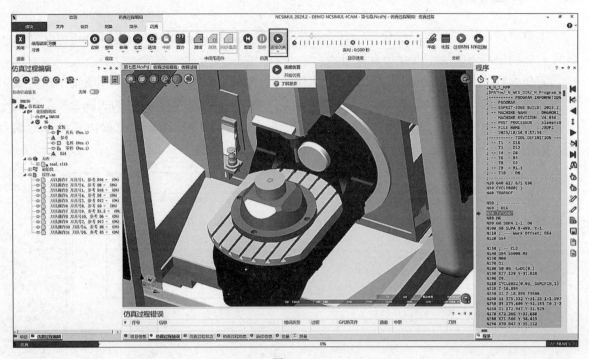

图　7-38

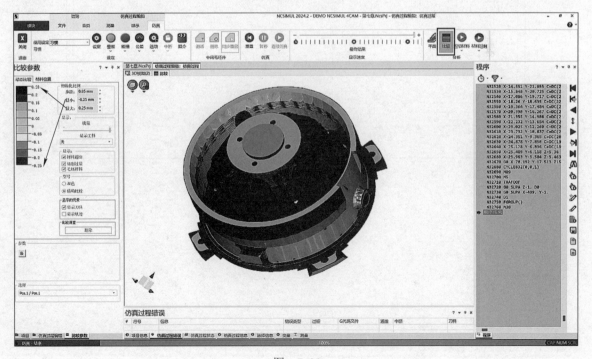

图　7-39

7.7　注意事项

　　本章只演示了少许程序的仿真，其余的 NC 程序通过给的编程文件，用 PowerMill 2022 软件后处理生成 NC 程序进行仿真即可。

　　若仿真结果的差异比较大，除了程序编制的误差外，就是仿真误差。可通过单击"设定"，在弹出的"仿真参数"对话框里中单击"公差"→通过设置"材料的去除公差"中的"粗加工""半精加工""精加工"的公差数值（一般给 0.02mm）来设置仿真结果的误差，如图 7-40 所示。

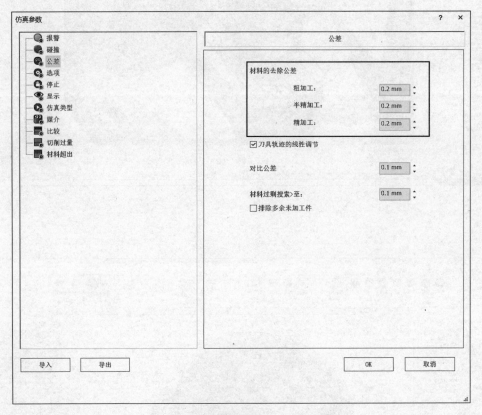

图　7-40

8.1 多工序数控机床操作调整工技能竞赛用机床简介

图 8-1 所示为多工序数控机床操作调整工技能竞赛用机床凯迪四海 T-200U BC 双摆台五轴加工中心，数控系统采用广数 GSK25i，机床主要技术参数见表 8-1。

图 8-1

表 8-1 机床主要技术参数

技术参数	数值
工作台尺寸	$\phi200mm$
X 轴行程	490mm
Y 轴行程	280mm
Z 轴行程	220mm
B 轴行程	$-110° \sim 10°$
C 轴行程	$n×360°$
主轴转速	40000r/min

8.2 机床的导入

1）操作前，需要进入管理员模式：①单击"管理员"→②单击"进入管理员模式"，输入密码 admin →③代表进入管理员模式，如图 8-2 所示。

2）单击"新的模拟项目"，如图 8-3 所示。

3）在"仿真过程编辑"界面：①单击"机床"，弹出"机床的浏览器"对话框→②选择"🌀"导入机床，弹出"打开"对话框→③选择"KDSH T-200U-GSK"→④单击"打开"，如图 8-4 所示，弹出"导入 NCSIMUL 机床"对话框。

4）在"导入 NCSIMUL 机床"对话框中单击"确认"，如图 8-5 所示。

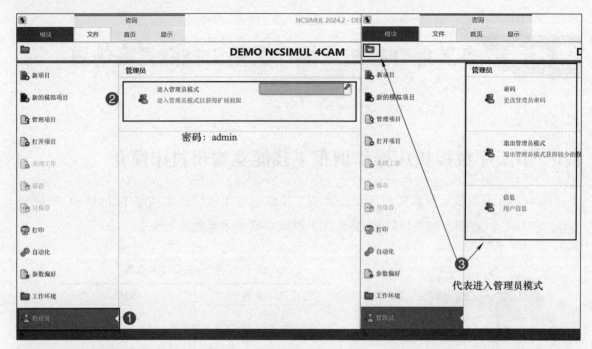

图 8-2

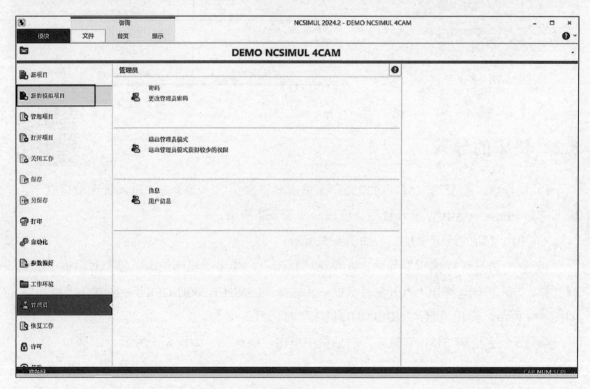

图 8-3

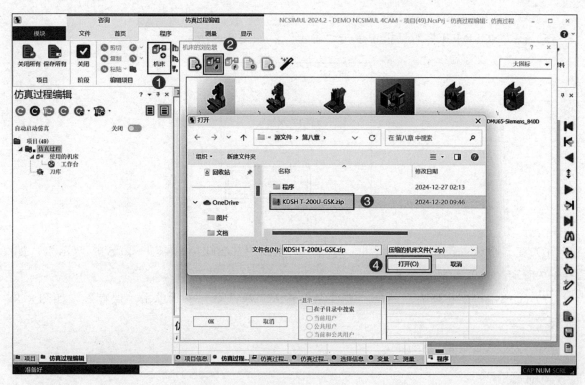

图 8-4

图 8-5

5）在"NCSIMUL"对话框中单击"确定"，如图 8-6 所示。

图　8-6

6）在"机床的浏览器"对话框：①单击"KDSH T-200U-GSK"→②单击"OK"，如图 8-7 所示。

7）①单击"保存所有"→②"文件名"输入"第八章"→③单击"保存"，如图 8-8 所示。

8）效果图如图 8-9 所示。

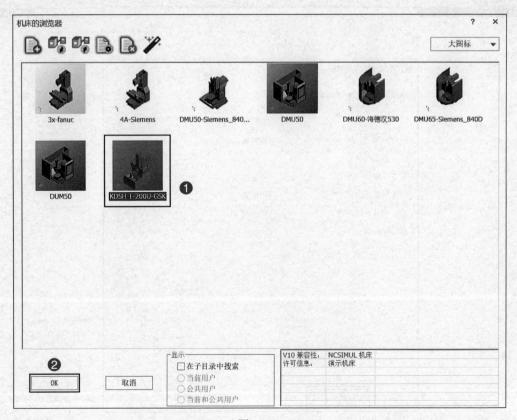

图　8-7

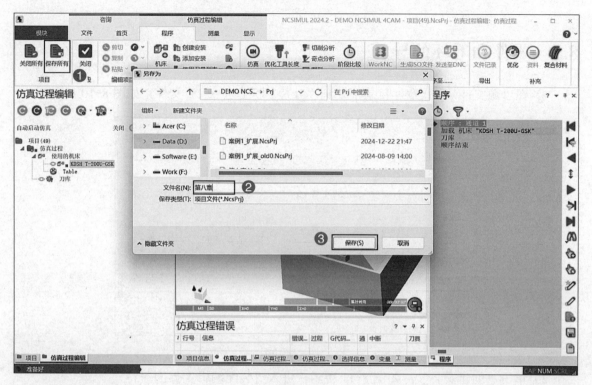

图　8-8

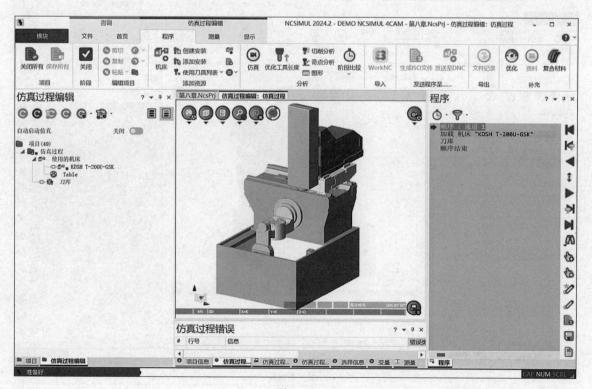

图　8-9

8.3 零件和毛坯的导入

1）在"源文件\第八章"目录下复制"叶片-职工组.x_t"文件，如图 8-10 所示。

图 8-10

2）单击"创建安装"，如图 8-11 所示，进入"装配编辑"界面。

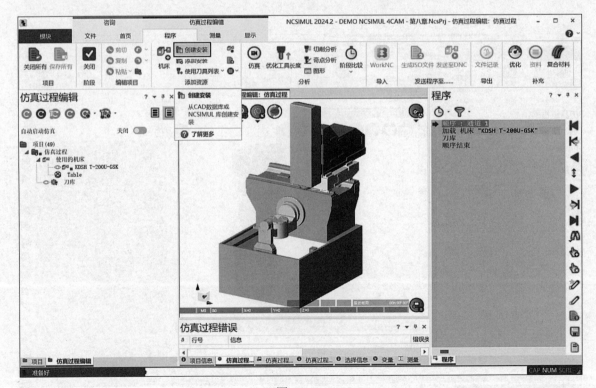

图 8-11

3）单击"导入 CAD"，如图 8-12 所示，弹出"打开"对话框。

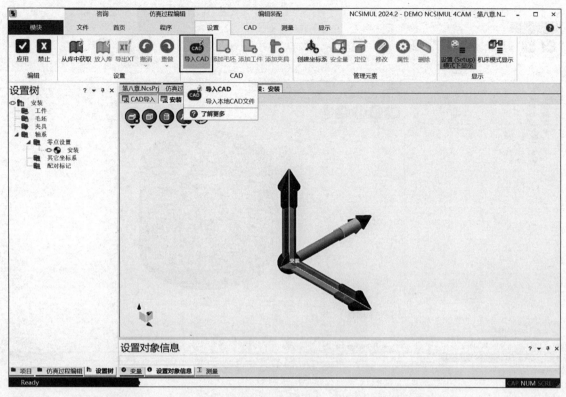

图 8-12

4）在"打开"对话框：①在空白处按〈Ctrl+V〉键进行粘贴→②单击"打开"，如图 8-13
所示。

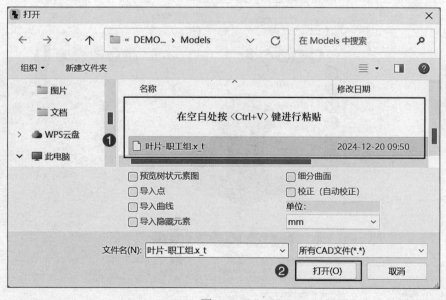

图 8-13

5）效果图如图 8-14 所示。

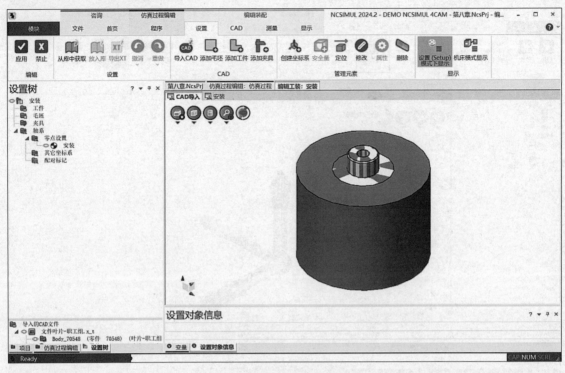

图　8-14

6）①单击"添加工件"→②选择毛坯实体→③单击"⊘"，如图 8-15 所示。

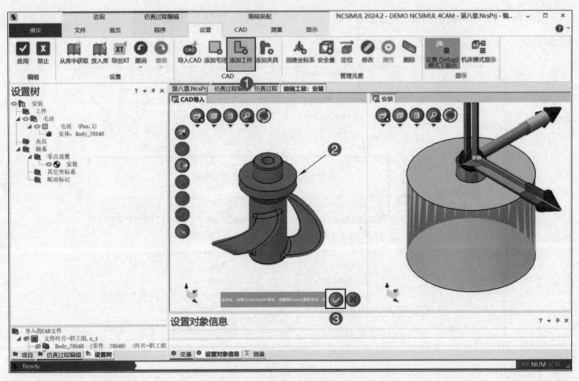

图　8-15

7）①单击"添加工件"→②选择毛坯实体→③单击"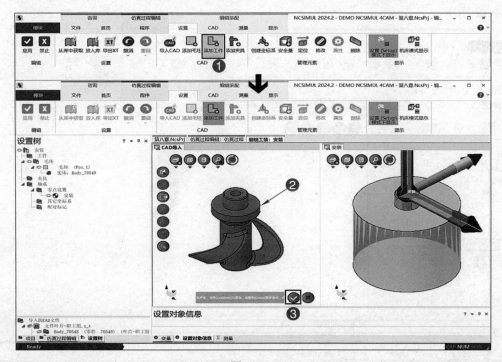"，如图 8-16 所示。

图　8-16

8）①按住键盘上 Ctrl 键选择零件和毛坯→②单击"定位"，如图 8-17 所示。

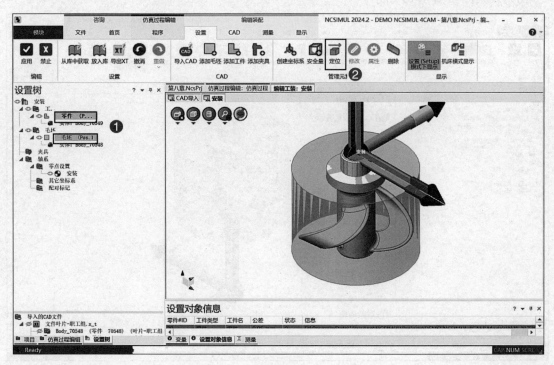

图　8-17

9）①在"位置"下的"Z"中输入"90"（这里工装高为90mm）→②单击"应用"，如图 8-18 所示。

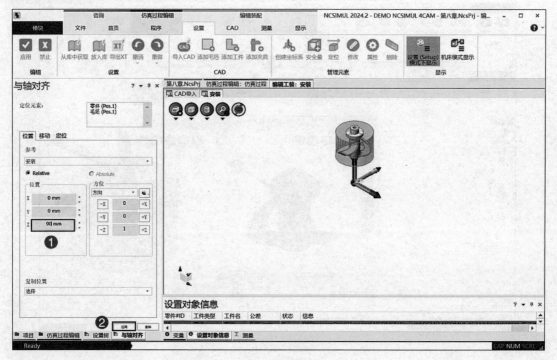

图 8-18

10）效果图如图 8-19 所示。

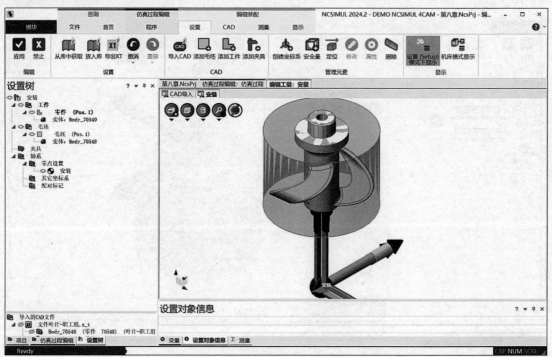

图 8-19

11）①单击"创建坐标系"→②选择模型小圆边缘让坐标系捕捉到圆心，如图 8-20 所示。

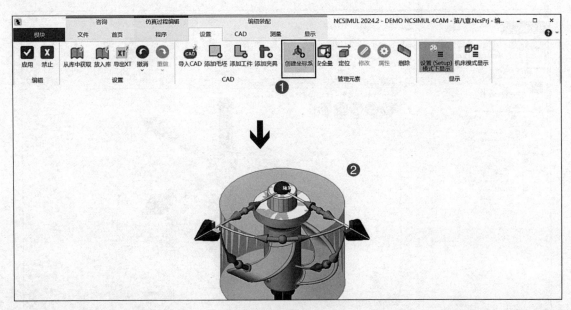

图　8-20

12）①"名字"输入"G54"→②单击"方位"下的"角度"→③X 角度"0"→④单击"应用"，如图 8-21 所示。

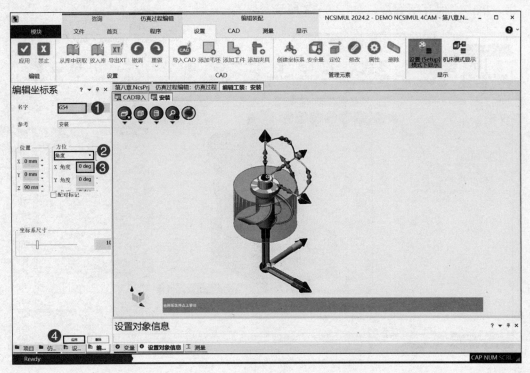

图　8-21

13）单击"应用"，如图 8-22 所示。

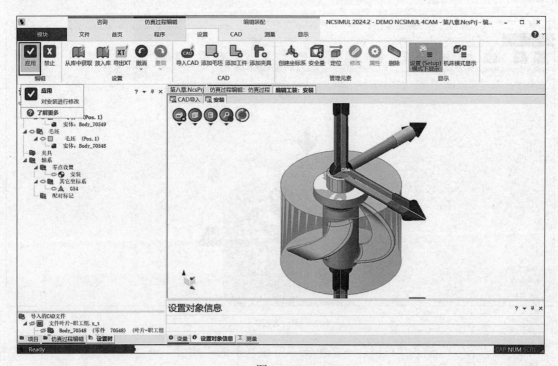

图　8-22

14）单击"保存所有"，如图 8-23 所示。

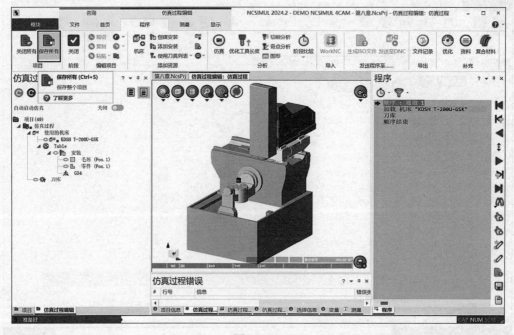

图　8-23

8.4　刀具库的建立

1）①单击"使用刀具列表"右侧的下三角→②单击"创建刀具列表"，如图 8-24 所示，弹出"创建一个新的库"对话框。

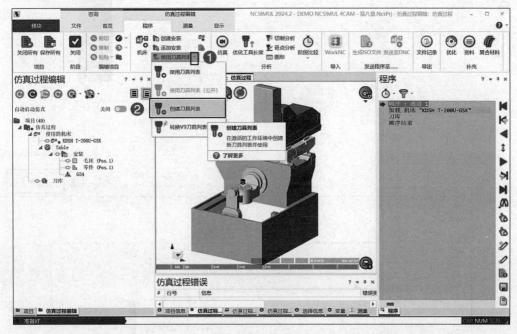

图　8-24

2）在"创建一个新的库"对话框：①"库的名称"输入"刀具"→②"半径"选"补偿＝刀具半径"→③单击"OK"，如图 8-25 所示，弹出"刀具库"对话框。

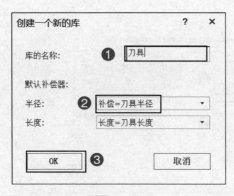

图　8-25

3）在"刀具库"对话框：①单击"⬛"创建一把新的铣刀→②新建的刀具信息→③单击"选项"，如图 8-26 所示。

4）在刀具库"对话框：①单击"刀具"→②输入"10"→③输入"10"→④输入"50"即可（加工时按实际刀具参数设定）→⑤输入"80"即可（加工时按实际刀具参数设定），如图 8-27 所示。

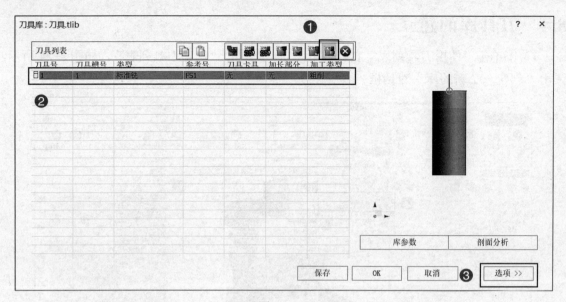

图 8-26

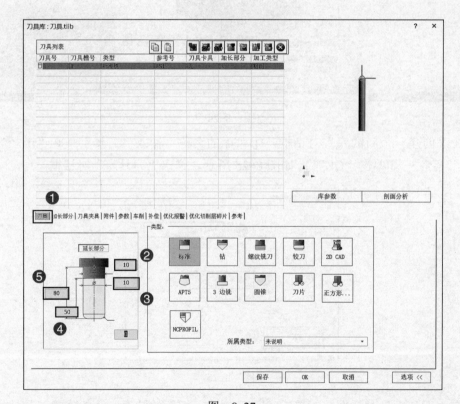

图 8-27

5）在刀具库"对话框：①单击"刀具夹具"→②类型选"圆柱"→③输入"20"（加工时按实际刀柄参数设定）→④输入"10"（加工时按实际刀柄参数设定）→⑤输入"20"（加工时按实际刀柄参数设定）→⑥输入"40"（加工时按实际刀柄参数设定），如图8-28所示。

6）在刀具库"对话框：①单击"参数"→②"参考"输入"D10"，如图8-29所示。

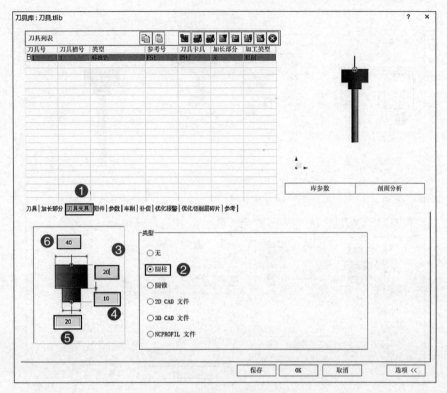

图　8-28

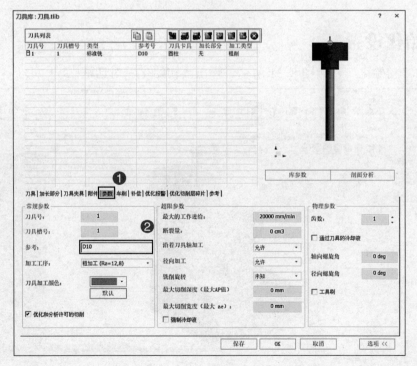

图　8-29

7）重复以上操作，设置刀具：①设置"刀具号"→②单击"保存"→③单击"OK"，如

图 8-30 所示。

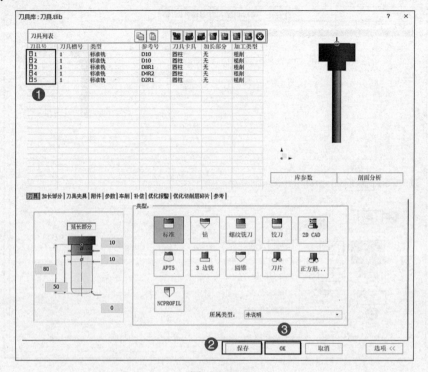

图 8-30

8.5 初始化设置

1）单击"初始化"，如图 8-31 所示，弹出"初始化"对话框。

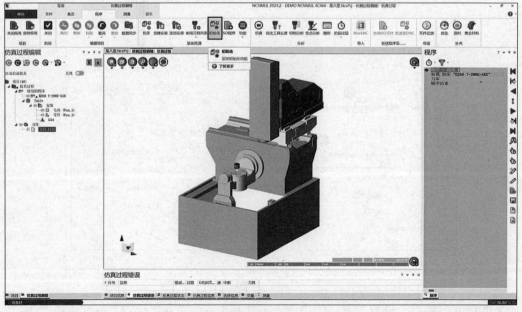

图 8-31

2）在"初始化"对话框：①勾选"改变原点的定义"→②单击"G54"后面"自动引用"的相应位置→③单击"Table：安装：G54"→④单击"OK"，如图 8-32 所示。

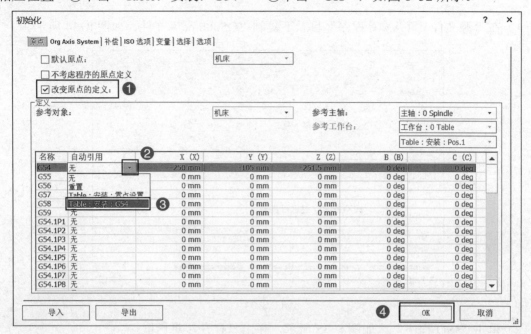

图　8-32

3）单击"保存所有"，如图 8-33 所示。

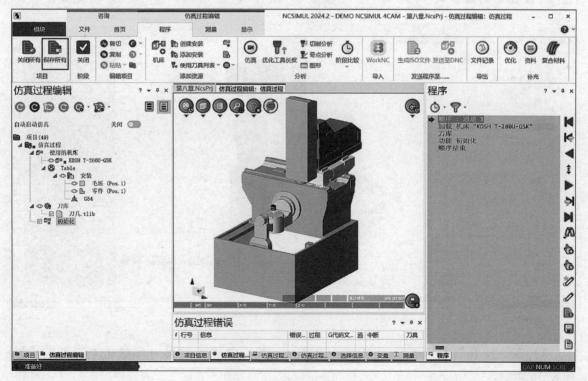

图　8-33

8.6 程序导入及仿真

1）在"源文件\第八章\程序"目录下复制"O5000.nc"文件，如图 8-34 所示。

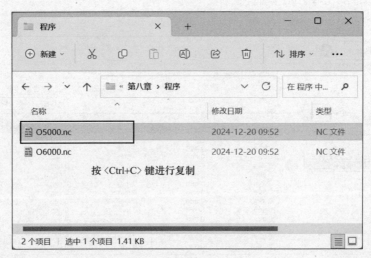

图 8-34

2）单击"ISO 程序"，如图 8-35 所示，弹出"打开"对话框。

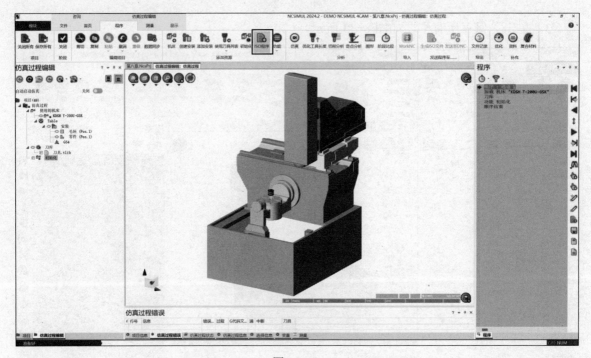

图 8-35

3）在"打开"对话框：①在空白处按〈Ctrl+V〉键进行粘贴→②单击"打开"，如图 8-36 所示。

图　8-36

4）单击"仿真"，效果图如图 8-37 所示。

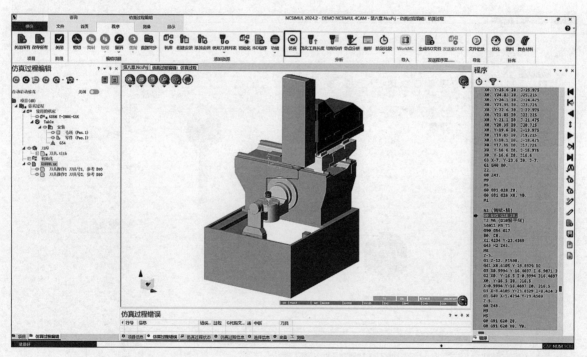

图　8-37

5）单击"连续仿真"，如图 8-38 所示。

6）仿真结束，单击"比较"，设置"初始化比例"的"最大"和"最小"的值，根据颜色查看过没过切，如图 8-39 所示。

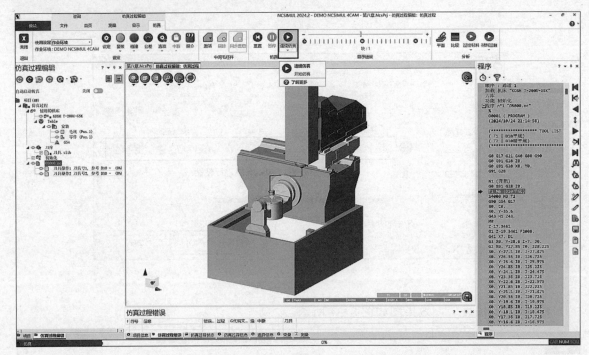

图 8-38

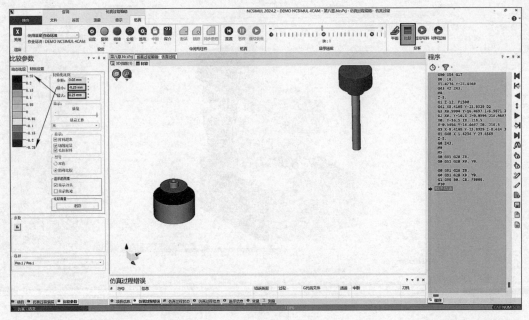

图 8-39

8.7 下一工序

1) 重命名工序一，在"项目"界面①右击"仿真过程"→②单击"重命名"，如图 8-40
所示。

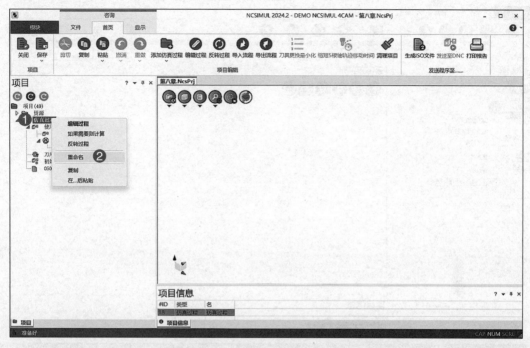

图 8-40

2）在"重命名"对话框：①"新文件名"输入"工序一"→②单击"OK"，如图 8-41 所示。

图 8-41

3）①右击"工序一"→②单击"在…后粘贴"，如图 8-42 所示。

4）效果图如图 8-43 所示。

5）重命名工序二，在"项目"界面①右击"工序一（2）"→②单击"重命名"，如图 8-44 所示。

6）在"重命名"对话框：①"新文件名"输入"工序二"→②单击"OK"，如图 8-45 所示。

7）效果图如图 8-46 所示。

8）①单击"工序二"→②单击"编辑过程"，如图 8-47 所示。

9）在"仿真过程编辑"界面：①右击"O5000"→②单击"移除"，如图 8-48 所示。

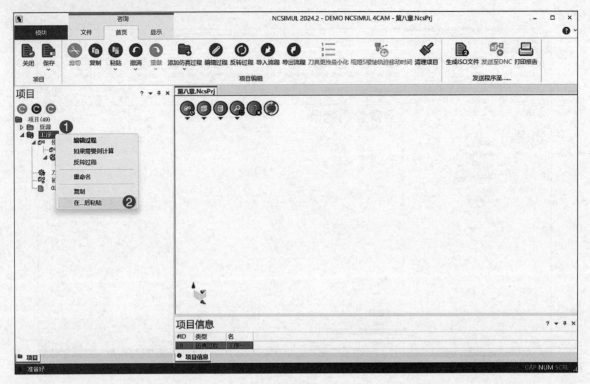

图 8-42

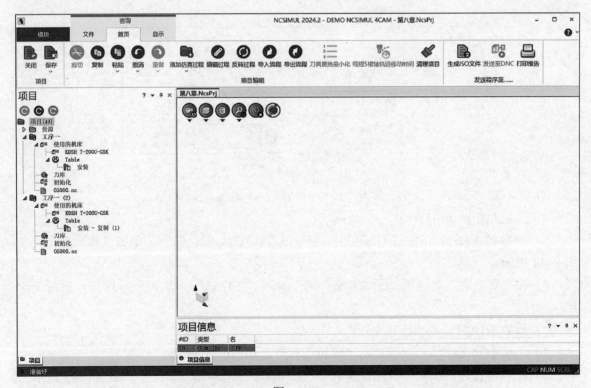

图 8-43

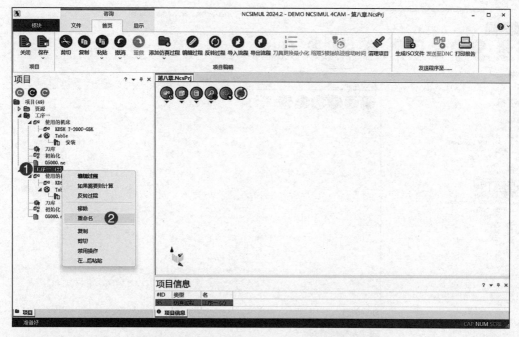

图　8-44

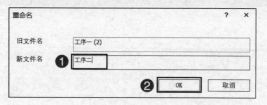

图　8-45

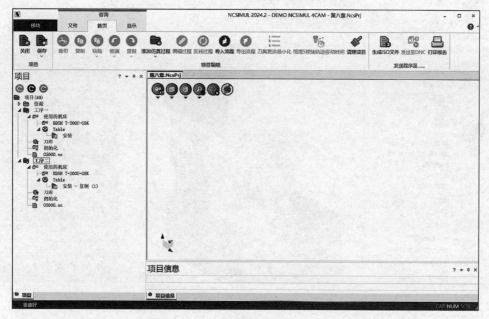

图　8-46

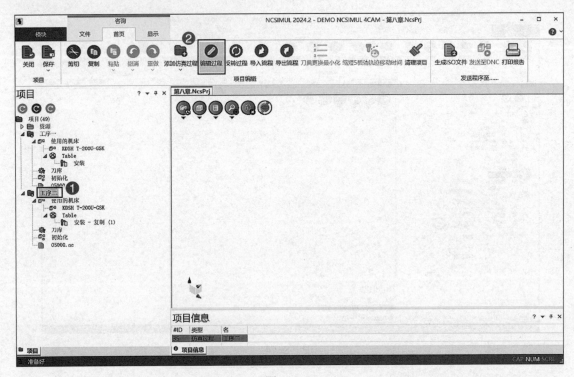

图 8-47

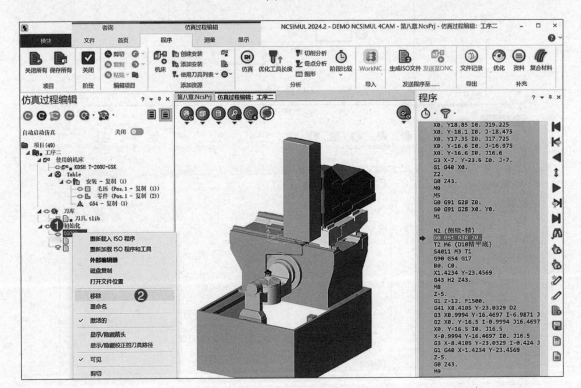

图 8-48

10）双击"安装—复制（1）"（图 8-49），进入"编辑工装"界面。

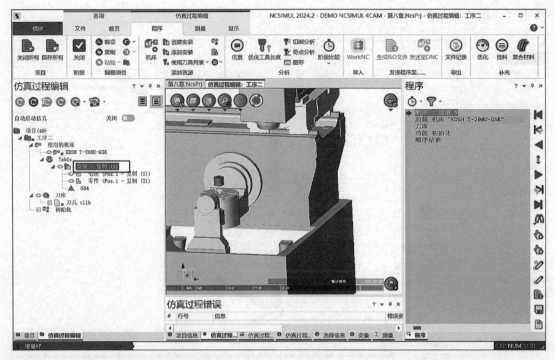

图　8-49

11）①按住键盘上 Ctrl 键选择零件和毛坯→②单击"定位"，如图 8-50 所示。

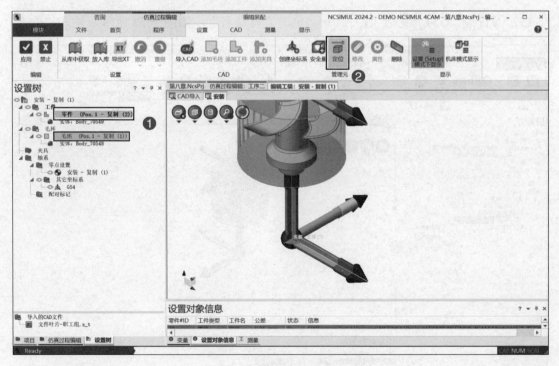

图　8-50

12）①"方位"选择"角度"→②"Y 角度"选"180"→③"位置"下的"Z"输入"-50"→

④单击"应用",如图 8-51 所示。

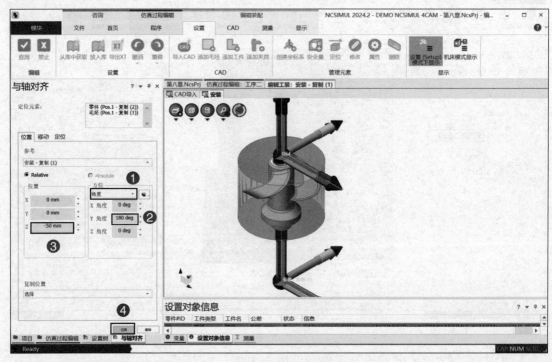

图　8-51

13)①右击"G54—复制(1)"→②单击"重命名",如图 8-52 所示,输入"G55"。

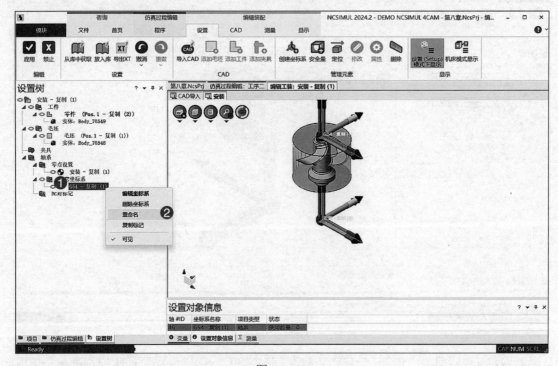

图　8-52

14）双击"G55"，如图 8-53 所示。

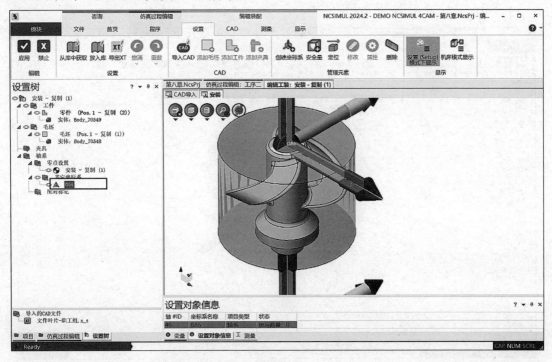

图 8-53

15）①单击"⬚"选择坐标系位置→②单击内孔的圆→③"方位"选"角度"→④"X 角度"输入"0"→⑤单击"应用"，如图 8-54 所示。

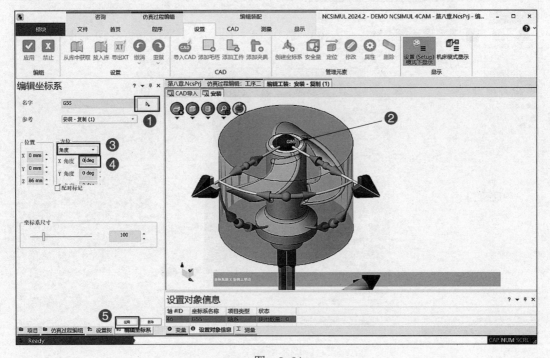

图 8-54

16）单击"应用"，如图 8-55 所示。

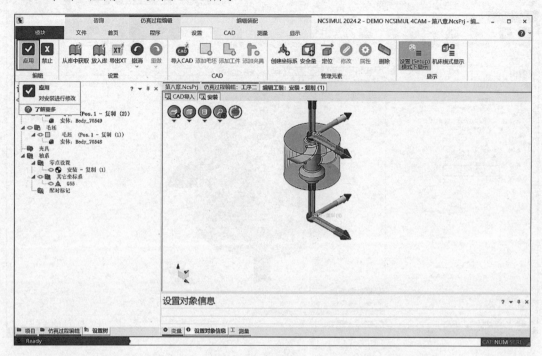

图　8-55

17）双击"初始化"（图 8-56），弹出"初始化"对话框。

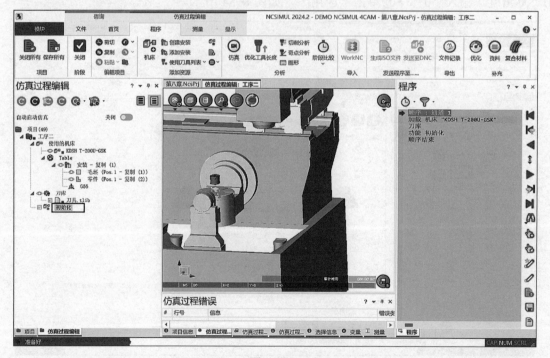

图　8-56

18）在"初始化"对话框：①勾选"改变原点的定义"→②单击"G55"后面的"自动引用"相应位置→③单击"Table：安装 - 复制（1）：G55"→④单击"OK"，如图 8-57 所示。

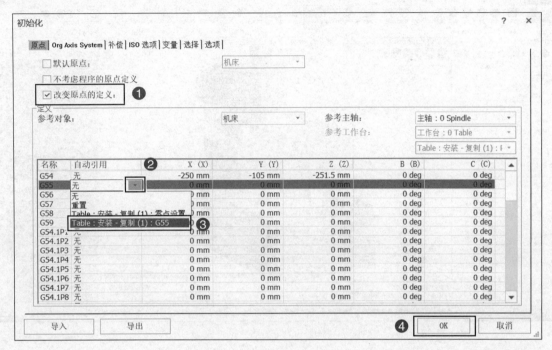

图　8-57

19）在"源文件 \ 第八章 \ 程序"目录下复制"O6000"文件，如图 8-58 所示。

图　8-58

20）单击"ISO 程序"（图 8-59），弹出"打开"对话框。

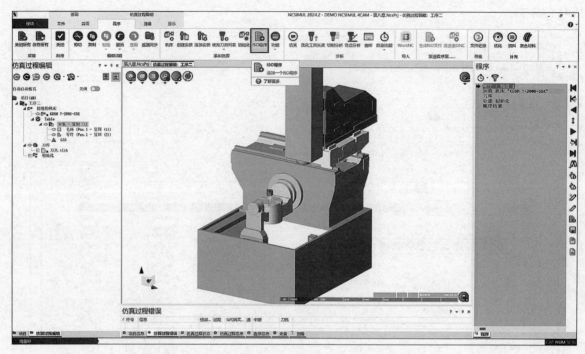

图 8-59

21）在"打开"对话框：①在空白处按〈Ctrl+V〉键进行粘贴→②单击"打开"，如图 8-60 所示。

图 8-60

22）单击"仿真"，效果图如图 8-61 所示。

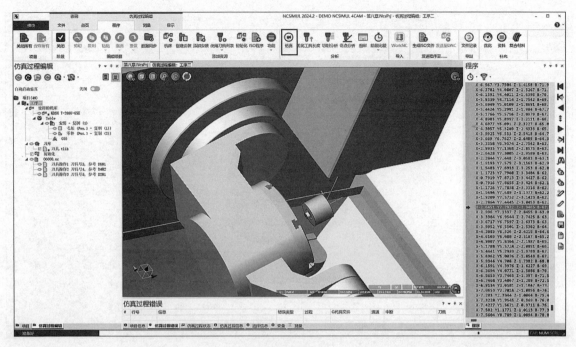

图 8-61

23）单击"连续仿真"，如图 8-62 所示。

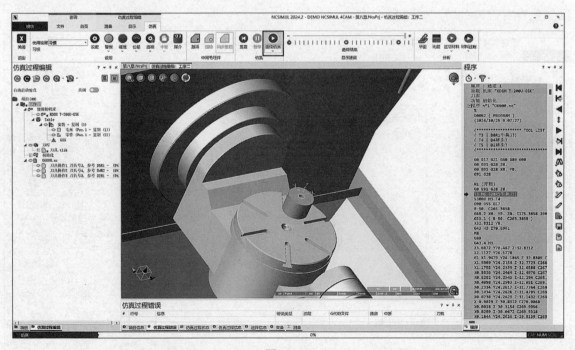

图 8-62

24）仿真完的效果图如图 8-63 所示。

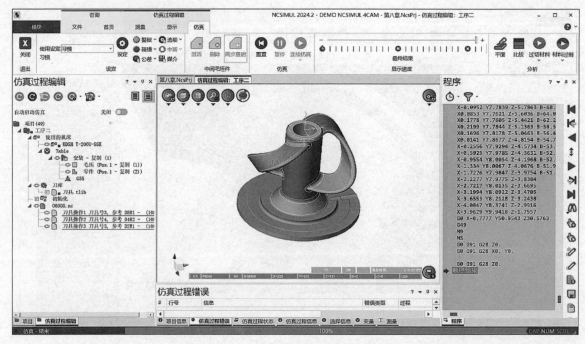

图　8-63

25）仿真结束，单击"比较"，设置"初始化比例"的"最大和最小"的值，根据不同颜色查看过没过切，如图 8-64 所示。

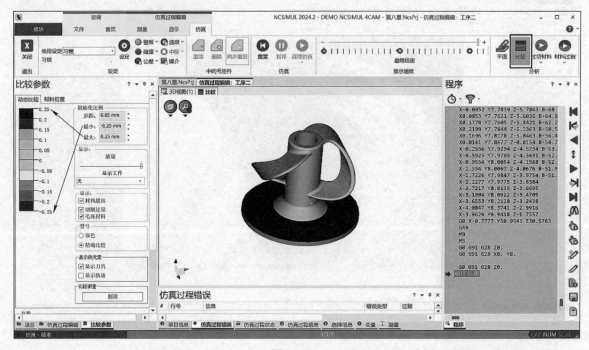

图　8-64

8.8　注意事项

在"仿真过程编辑"界面：①单击"配置计算"右边的下三角→②单击"自动重新计算"，如图 8-65 所示。关闭"自动重新计算"即可关闭重新导入程序带来的自动计算，从而提高仿真设置的效率。

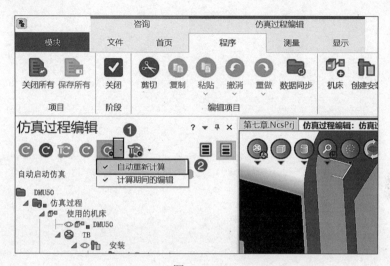

图　8-65